土木工程科技创新与发展研究前沿丛书

U0184433

装配式钢结构临时作业棚
开发与安装技术研究

杨志坚　李帼昌　李　旭　著

中国建筑工业出版社

图书在版编目（CIP）数据

装配式钢结构临时作业棚开发与安装技术研究 / 杨志坚，李帼昌，李旭著. —北京：中国建筑工业出版社，2020.10（2022.3重印）
（土木工程科技创新与发展研究前沿丛书）
ISBN 978-7-112-25416-3

Ⅰ.①装… Ⅱ.①杨… ②李… ③李… Ⅲ.①装配式构件-钢结构-顶棚-建筑安装-研究 Ⅳ.①TU758.11

中国版本图书馆 CIP 数据核字（2020）第 167493 号

本书系统地阐述了作者的研究成果，主要内容包括：调研了国内临时作业棚的现状，开发了装配式双排柱形以及 T 形装配式两种不同形式的钢结构临时作业棚，并进行了标准化和定型化研究；研究了作业棚柱脚各组成构件的应力分布与破坏模式，为钢结构临时作业棚柱脚节点的设置提供可靠的依据；研究了水平纵横向风荷载、雪荷载及风雪荷载组合效应对临时作业棚结构的影响；对钢结构临时作业棚的抗冲击性能进行分析，给出了防护措施和建议，最后研究了新型装配式钢结构临时作业棚的安装技术。

本书适用于从事钢结构、装配式结构设计与施工的研究、技术、管理人员使用，也可供土建类专业教师、研究生、高年级本科生参考使用。

责任编辑：仕　帅
责任校对：芦欣甜

土木工程科技创新与发展研究前沿丛书
装配式钢结构临时作业棚开发与安装技术研究
杨志坚 李帼昌 李旭 著

*

中国建筑工业出版社出版、发行（北京海淀三里河路 9 号）
各地新华书店、建筑书店经销
北京鸿文瀚海文化传媒有限公司制版
北京中科印刷有限公司印刷

*

开本：787 毫米×960 毫米　1/16　印张：9¾　字数：193 千字
2020 年 11 月第一版　2022 年 3 月第二次印刷
定价：**48.00** 元
ISBN 978-7-112-25416-3
（36406）

■ 前 言 ■

　　党的十八大以来，党中央、国务院非常重视我国绿色化的发展，"十八届五中全会"提出"创新、协调、绿色、开放、共享"的发展理念，为此科学技术部"十三五"期间设立"绿色施工与智慧建造关键技术"项目，围绕绿色施工领域科技需求，研发下一代绿色施工和智慧建造核心技术和产品。项目将以"四节一环保"（节能、节地、节水、节材和环境保护）为目标，重点研究几个方面科学问题：施工过程回收、资源化利用问题；施工现场绿色化问题；施工现场临时设施标准化、定型化问题等。同时项目将在已有研究成果基础上，开发绿色施工技术以及标准化施工临时设施等，提高绿色施工的技术水平与效果，深入地研究施工现场临时设施标准化、定型化、产业化的新方法，建立施工现场临时设施完整的全周期管理体系，其中包括设计、生产、运输、安装、维护、周转等方面，开发可以在大范围推广使用的现场临时设施标准化技术。"绿色施工与智慧建造关键技术"项目的实施将促进建筑工程智慧建造技术发展，为建筑业的可持续发展提供技术支撑，促进建筑业技术升级、生产方式和管理模式变革，使建筑业逐渐向绿色化、工业化、智能化的形态发展。

　　近年来，随着我国大力推进建筑工业化及装配式钢结构，越来越多的建筑通过标准化、模数化、定型化的设计被应用到实际中。尤其是对可重复使用、方便拆卸的施工现场临建设施，通过临时作业棚标准化设计、工业化生产、模块化安装，形成临时设施的设计、生产、运输、安装、维护和周转等全生命周期的标准化、定型化的设计，大幅降低临时设施产品的能源消耗和碳排放，达到绿色施工与智慧建造的目的。通过提升施工现场临时设施标准化、定型化、产业化程度，每年可产生可观的经济效益。因此作者开发研究了两种双层防护且全螺栓装配的钢结构临时作业棚，并且详细表述了有关新型装配式钢结构临时作业棚的安装方面的内容。本书包含了作者根据实际应用需要所取得的新研究成果。

　　本书共分为六章，第1章详细介绍了装配式钢结构临时作业棚研究背景及意义，阐述了国内外临时作业棚诸多方面的研究现状，包括钢结构节点、风雪荷载、外露式柱脚、钢结构及木材抗冲击性能的研究现状。第2章主要介绍了新型结构的背景技术、开发的思路、设计的目标、设计原则，设计出了两种不同形式的临时作业棚：双排柱形钢结构临时作业棚、T形钢结构临时作业棚，并且给出了具体的构件尺寸及数量。第3章对钢结构临时作业棚柱脚节点受力性能进行数值模拟，研究柱脚各组成构件的应力分布与破坏模式，分析了端板厚度、锚栓直径及有无加劲肋、加劲肋厚度对柱脚承载力的影响，为钢结构临时作业棚柱脚节点的设置提供可靠的依据。第 4 章通过 ABAQUS 建立三维整体结构模型，对钢结构临时作业棚进行有限元模拟，分别考虑了水平纵横向风荷载、雪荷载及风雪荷载组合效应对结构的影响。第 5 章对钢结构临时作业棚的抗冲击性能进行分析，采用有限元分析软件 ABAQUS 对上层防护结构受到冲击荷载下的钢结构临时作业棚进行了模拟，分析了高空坠物的质量、高度、大小、方木规格及布置形式对结构抗冲击性能的影响。第 6 章对新型装配式钢结构临时作业棚的安装技术进行了研究。

本书的研究成果是在国家重点研发计划课题（2016YFC0702102）的资助下完成的，在编写过程中参考并引用了已公开发表的文献资料和相关教材与书籍的部分内容并得到了许多专家和朋友的帮助，在此表示衷心的感谢。在课题研究过程中，研究生苏志华、刘一迪、彭书存、魏顺利、张亚雯、姜乃峰等协助作者完成了大量的计算及分析工作，他们均对本书的完成做出了重要贡献。作者在此对他们付出的辛勤劳动和对本书面世所做的贡献表示诚挚的谢意。

衷心希望本书提供的内容能够对读者有所帮助。由于作者的水平有限，书中难免存在不妥之处，恳请广大读者批评指正。

杨志坚

2020 年 3 月

▪ 目　　录 ▪

第 **1** 章

绪　　论

1.1　研究背景及意义

我国社会、经济、文化水平的飞速提高及城镇化进程的不断加快，有效地推动了建筑行业的发展，临时设施的建设也在随之不断的发展。整体来看，建筑的产业规模不断扩大、产业素质不断增强、产业结构不断升级，并保持了良好的发展势头[1]，但是目前我国建筑的整体装配预制率较低、施工效率低下、能源消耗量较高、环境污染与生态破坏严重，进而大大增加了整个工程在建设周期与使用期的成本，这与我国倡导的可持续发展战略背道而驰。我国申报奥运会时提出了"绿色奥运、科技奥运、人文奥运"的理念，其后，建筑施工现场的绿色施工概念开始渐渐形成。2007 年建设部发布了《绿色施工导则》，其中正式定义了什么是绿色施工，即在确保工程质量、安全等基本要求的条件下，通过对整个建筑工程的施工过程管理与技术两个方面进行优化改进以尽可能地节约资源，减少浪费，并把对环境造成的负面影响降到最低，实现四节一环保[2]。绿色施工并不是与传统施工完全不同，而是符合我国可持续发展战略的一项施工技术，且涉及当今的社会与经济发展、生态环境保护、资源能源的利用等许多方面，这种全新的理解也一定会给建筑业社会经济、环境保护等带来多重效益[3]。

临时作业棚是指在建筑施工现场所能提供的基础设施条件之上，为满足现场施工的需要，而在施工项目开工之前搭建、项目完工之后拆除的临时性设施，包括防护棚、钢筋加工棚、木工加工棚、砂浆搅拌棚、安全通道等多种类别，主要用于保障施工人员进行安全作业，减小高空坠物造成的危险。因此，在建筑的整个建造周期中，施工现场的临时设施建设也是绿色施工中不可缺少的一个环节。目前，大多数施工现场临时作业棚都是采用脚手架搭接或者现场焊接永久设施，既不能保证其安全性，也不能实现材料的重复使用，因此浪费现象严重，资源的利用率低，垃圾污染现象较为普遍。针对目前现场临时作业棚工业化生产及施工安装技术水平不高、标准化以及定型化需要提升的问题，根据施工现场不同功能要求，研发相应的标准化和模数化的可重复使用、结构形式合理、安全可靠的临时作业棚。

由于钢结构具有良好的机械加工性能、轻质高强、易拼接组装等诸多优点，非常适合建筑的标准化、模块化、工厂化、信息化、装配化，符合"创新、协调、绿色、开放、共享"的发展理念[4]。因此，近些年来国家大力提倡装配式钢结构建筑的发展，不断增加装配式建筑在所有新建建筑中的比例。施工现场临时作业棚采用装配式钢结构，在工厂提前预制，然后运输到现场通过全螺栓连接进行拼装，不仅响应了国家的政策号召，而且在一个建筑工地施工完成后，还可以进行拆卸运送到下一个施工现场继续使用。即通过临时作业棚的标准化设计、工业化生产、模块化安装，形成临时设施的集设计、生产、运输、安装、维护和周转等为一体的全生命周期的标准化、定型化，大幅降低临时设施产品的能源消耗和碳排放，达到绿色施工与智慧建造的目的。通过提升施工现场临时设施标准化、定型化、产业化程度，增加构件的周转使用率，在保护环境、节约资源的同时，每年也可产生可观的经济效益。

1.2 国内外相关研究现状及发展趋势

1.2.1 国内临时作业棚发展现状

我国明确临时设施这一概念是在北京承办奥运会期间提出来的，奥运会是目前世界上规模最大的活动，它所需要的临时设施规模也是巨大的。为确保奥运期间临时设施的设计、安装、保障与拆除等工作的顺利完成，北京市政府、住房和城乡建设部、奥组委等多个部门联合制定了《北京奥运会临时设施工作指导意见》和《北京奥运会临时设施实施检验与评定标准》，开创了我国临时设施规范规程的先河[5]。《北京奥运会临时设施工作指导意见》中分别对临时设施的设计、施工、验收、维护和拆除等各阶段的管理程序进行了规范，同时还包含了帐篷、临时看台、临时地面铺装、临时隔离设施和临时设施消防标准等临时设施的相关技术文件[6]。《北京奥运会临时设施实施检验与评定标准》则主要是为满足施工验收的需要而明确提出的在各阶段需要进行检查的验收内容与标准。这两部标准尽管是针对北京奥运会专门制订的，但是它对我国临时设施的发展影响深远[6]。

目前，国内对施工现场临时作业棚的研究主要集中在实用新型专利技术方面，理论研究相对较少。其中钢筋作业棚和安全通道的实用新型专利较多，木工加工棚相对较少，小型器械防护棚几乎处于空白。无论是施工现场临时作业棚的使用情况，还是专利的研究进展，其结构形式和施工方法各异，我国针对施工现场临时设施的设计、施工并没有统一的标准和规范。因此，国内各个施工现场的临时作业棚形式较多，例如：采用钢管、扣件搭接成的矩形钢框架；通过钢材焊接而成的钢框架；通过栓焊组合连接而成的钢框架；其钢框架外在形式与布置方式又多种多样，这种形式不仅搭接速度慢，结构安全性能不能得到保证，而且与国家倡导的工厂化预制、现场拼接组装、重复循环使用的装配式钢结构绿色施工理念不符。

王俊如等（2011）[7] 发明了一种应用于建筑工地的作业棚，如图1.1所示。结构主要由若干方钢管与扣件组成立柱固定在混凝土地面，最后在各个立柱组成的矩形平面上设置上层顶模，其中顶模由主副龙骨相互垂直固定连接。

陈守国（2011）[8] 发明了一种可拆卸式钢筋加工棚，如图1.2所示。其结构形式类似于门式钢架，立柱与柱下独立基础通过高强度螺栓连接，两侧立柱间通过螺栓连接角钢组合而成人字形屋架，屋架之间设檩条，最后在檩条上方铺设彩钢板。该结构形式拆卸组装快捷，且能够反复使用。

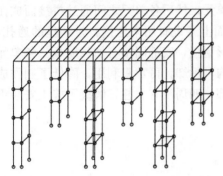

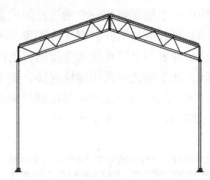

图1.1 一种应用于建筑工地的作业棚图　　　图1.2 可拆卸式钢筋加工棚

楼永良等（2011）[9] 发明了一种定型化钢筋加工棚，如图1.3所示。其结构先通过竖向承重构件合围成矩形，其次在各承重构件之间连接主梁，进而形成了一个整体的矩形框架，最后将由钢管扣件组合而成的防护层交叉布置于主梁上。该结构安全可靠，但是使用钢管扣件数量较多，建造速度相对较慢。

呙启国等（2012）[10] 发明了一种施工现场可重复使用的工具式栓接钢筋加工棚，如图1.4所示。结构截面形式为T形，下方立柱采用型钢，上方矩形钢框

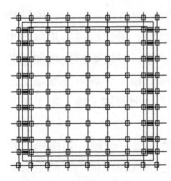

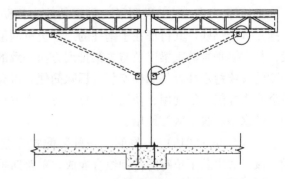

图1.3 定型化钢筋加工棚　　　图1.4 建筑施工现场可重复使用的工具式栓接钢筋加工棚

架通过螺栓、斜撑杆分别连接于型钢柱顶和侧壁，上方的矩形钢框架由纵横向屋面桁架组成，其后在矩形钢框架上布置双层屋面板，下层为彩钢板，上层为脚手板。该形式装拆方便，且两侧位悬挑结构，方便原材料的加工与运输。

周海军（2012）[11] 发明了一种型钢式单榀工具式钢筋加工棚，如图 1.5 所示。结构下方立柱采用型钢，上方矩形钢框架由若干钢管扣件组合而成，其后通过螺栓、斜撑杆分别连接于型钢柱顶和侧壁。其横截面形式类似于 T 字形，上部结构设置有双层硬防护，硬防护是由短钢管和扣件搭设而成。该结构形式可迅速进行拆卸组装，方便钢筋等原材料、半成品、成品的进出场，可进一步提升工人的工作效率。

林峰（2013）[12] 发明了一种定型组合伞式钢筋加工棚，如图 1.6 所示。其结构由一个钢框架和一个钢支柱组成拼接单元，然后各单元之间通过拼接而成面积相对较大的加工棚。钢支柱顶部的外表面上开设有用来连接斜拉钢丝的通孔，且顶部外表面上固接用来支撑钢框架的环形钢板，底部固接有加强肋板。各单元之间、加工棚之间采用螺栓连接，整个结构可拆卸，可重复利用，降低了制作成本，而且结构钢支柱均设置在钢框架的中部，四周没有立柱，解决了施工安装不便的问题，大大提高了加工效率。

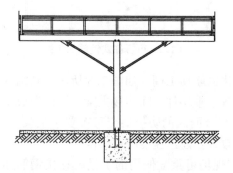

图 1.5　型钢式单榀工具式钢筋加工棚

图 1.6　定型组合伞式钢筋加工棚

王伟等（2013）[15] 发明了一种多功能定型防护棚，如图 1.7 所示。该结构包括复数个钢柱，其特征在于钢柱的顶部设有两层梁结构；梁结构进一步包括主梁、与主梁垂直的次梁以及与主梁排列方向一致的脚手板，双层梁结构增加了防护棚的整体稳定性，其结构安装、拆除简便，可充分降低施工现场防护棚施工的安全隐患并能重复利用、功能多样化，可作为安全通道、钢筋加工棚、木工加工棚、茶水亭、吸烟区等使用。

宋永全等（2013）[16] 发明了一种装配式作业安全双层防护棚，如图 1.8 所示。该形式由若干单跨防护棚组合而成，单跨防护棚包括两根相互平行的组合钢梁，钢梁端部和中间都连接有钢支撑，下方连接有钢支柱，钢支撑之间设置有檩条，檩条上方覆盖防护板，且在防护板上铺设雨布。该结构可应用于不同工种的安全使用，安装拆卸及运输方便快捷，可有效杜绝安全隐患的发生，具有结构简单、可重复使用且成本低等诸多优点。

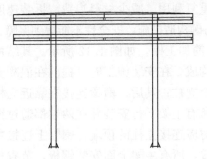

图 1.7 多功能定型防护棚

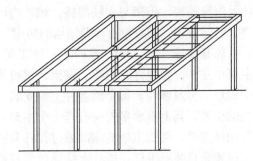

图 1.8 装配式作业安全双层防护棚

　　荆志敏等（2014）[17] 发明了一种属于市政工程设备技术领域的方便材料存放与加工的可移动式加工棚，如图 1.9 所示。该结构解决了钢筋加工和半成品临时存放以及在转运物料时容易造成刮碰的问题，包括可移动钢筋棚、导轨和固定钢筋加工棚，可移动钢筋加工棚由电动机驱动。该结构形式在原材料和半成品的转运和吊装时可以将场地开启，因此便于原材料和半成品的转运和吊装。材料存放完毕后，可移动钢筋棚可以将场地覆盖，从而减小了钢筋、钢管、钢板等材料受环境的影响，但其用钢量较大，构件相对较多，组装拆卸复杂。

　　聂海柱等（2014）[18] 发明了一种钢筋加工棚，如图 1.10 所示。该结构包括可移动的内棚以及包覆于内棚外的可移动的外棚。内棚和外棚均包括：顶棚，支座，支座滑动设置于地面基础上以用于支撑顶棚，以及设置在支座上的滑行驱动件。由于内外棚均可移动，故吊装设备时操作灵活，不仅可以作为钢筋加工点，还可以成为未加工的钢筋和加工后的钢筋的存储点，但是结构中未涉及防雨、防砸的构造措施，工人在内部进行加工作业时，无法保证安全性。

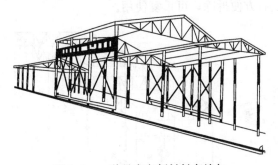

图 1.9 一种具有方便材料存放与
加工的可移动加工棚

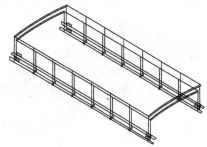

图 1.10 钢筋加工棚

买亚锋（2015）[19] 发明了一种装配式钢筋加工棚，如图 1.11 所示。其形式包括立柱、横梁、纵向立柱间的连接件以及顶棚盖，该横梁的两端与立柱的顶端通过螺栓及螺母连接，纵向立柱间的连接件包括连杆及桁架，连杆与立柱通过螺栓及螺母连接，桁架与立柱焊接。该结构可重复利用、减少材料浪费、拆装速度快、转运方便，但是没有涉及结构的防雨、防砸构造措施，安全性不能得到保障。

郭基伟等（2016）[20] 发明了一种 T 形钢筋加工棚，如图 1.12 所示。其结构主要由立柱、预埋件、主架、横梁、钢板等构成。在安装施工时，提前在混凝土中预埋一排预埋件，每个预埋件上端安装一个立柱；其后，横梁连接在靠近立柱顶端位置，其上方水平安装有若干个主架，所有主架平行安装并在两端部通过钢管扣件连接，两侧主架的端部通过拉杆分别对应连接立柱的顶端，钢管上连接主架位置垂直装有围杆，围杆上端通过横杆连接，所有主架上面安装钢板，节省材料，可拆卸重复使用，但是安装工序较为繁琐，施工效率较低。

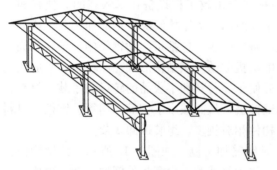

图 1.11 装配式钢筋加工棚

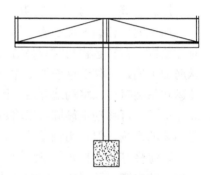

图 1.12 T 形钢筋加工棚

何志远（2016）[21] 发明了一种全螺栓连接的钢筋加工棚（图 1.13），包括方管立柱，方管梁通过螺栓连接在柱顶端，檩条连接在方管梁上方，两者之间加固有檩托板；方管梁外侧通过连接板连接有角钢组合架，檩条上方通过螺钉连接铺设有彩色压型钢板。该形式使用完成后方便拆除，可重复使用。

图 1.13 全螺栓连接的钢筋加工棚

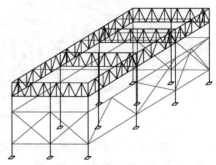

图 1.14 施工现场可周转砂浆搅拌棚

吴成（2017）[22] 发明了一种建筑施工现场可周转的砂浆搅拌棚装置（图1.14），该装置主要由方钢立柱、植栓基础、主次桁架梁、斜撑等构成，主次桁架梁通过螺栓连接到方钢立柱上部的预留孔，桁架斜撑采用角钢焊接而成，次桁架梁上下横梁上铺设两层水平防护木板用于防砸。最后，斜撑、水平支撑通过螺栓与立柱连接。该结构形式简单，移动、周转、拆除方便；四周采用彩钢板维护系统，水平防护采用桁架梁上铺设双层木跳板，双层硬性水平防护达到防护要求。

1.2.2 国内钢结构临时作业棚应用现状

通过实地调研后可将其主要形式分为四种：第一种是将长钢管作为立柱、斜撑、横杆及扫地杆通过扣件连接为矩形框架，最后在框架上方布置由短钢管、扣件组合而成的防护结构，具体结构形式如图1.15～图1.17所示；第二种是将角钢通过焊接形式组合成格构式立柱，通过膨胀螺栓固定于混凝土基础上，柱上方的防护结构和斜撑杆采用钢管和扣件，具体结构形式如图1.18；第三种是将较

图1.15 河北某项目安全通道

图1.16 河南某项目钢筋加工棚

图1.17 辽宁某项目防护棚

图1.18 河南某项目防护棚

大尺寸方钢管作为立柱和横梁，通过螺栓连接为矩形钢框架，较小尺寸方钢管作为上方防护结构，除部分端板及连接件提前焊接外，其余构件全部通过螺栓拼接成而成，具体结构形式如图 1.19～图 1.21 所示；第四种是由方钢管立柱和工字形钢梁构成 T 形截面，梁柱间连接斜撑，上方布置防护结构，具体结构形式如图 1.22 所示。

图 1.19　湖北某项目安全通道

图 1.20　浙江某项目钢筋加工棚

图 1.21　浙江某项目安全通道

图 1.22　山东某项目钢筋加工棚

针对上述专利及实际应用中主要存在的搭接速度慢、安全性差、重复使用率低、防雨防砸结构不到位、同一施工现场标准不统一、满足不同功能要求的临时作业棚间的主要构件不能相互通用等问题，有必要根据施工现场临时作业棚的具体使用要求，设计标准的结构形式，并且安全可靠、装拆方便、能够多次循环使用，大幅降低施工现场临时设施产品的能源消耗和碳排放，达到绿色施工与智慧建造的目的。

1.2.3　国内外钢结构节点研究现状

张帅和孙晓阳（2015）[23] 结合实际工程创新研究形成了一种无焊接装配式钢架，所有构件均由专用配件通过螺栓连接固定，整个系统通过创新的设计，将繁琐和严格的钢结构加工与制作由建筑施工现场转移到工厂，零部件均在工厂车间制作成型，所有构件生产完成后运输至施工场地，由工地现场负责安装，装配精度高，实现了定型化、标准化、工业化生产，有效缩短了工期并且节能减排符合绿色施工的要求。刘学春等（2015）[24] 为了探究装配式斜支撑节点钢框架结构中框架体系的受力性能与设计方法，通过有限元软件分析了结构体系在水平荷载、竖向荷载作用下的极限承载力。同一年，刘学春等（2015）[25] 针对模块化多高层装配式钢结构做了全螺栓连接节点静力及抗震性能研究，分析了焊缝质量、螺栓布置方式等多种因素对节点承载力的影响。张爱林和张艳霞（2016）[26] 对工业化装配式钢结构的整体稳定、节点连接、快速建造等一些配套设施进行了理论与试验研究。庄鹏、王燕等（2016）[27] 开发了一种装配式钢结构方钢管柱与 H 形钢梁采用内套筒-T 形连接件实现梁柱连接节点，并以内套筒的厚度、长度作为参数进行了力学性能研究。结果表明内套筒的厚度与长度对节点刚度及 T 形件的承载力有明显影响。张孝栋（2016）[28] 开发了一种钢结构"互"形装配式刚性节点，该节点可在工厂预制完成，施工现场通过全螺栓连接；并通过试验及有限元软件研究了该节点的受力性能，结果表明节点处拼接板对承载力的影响较为明显且试验与有限元结果吻合良好。

Popov 和 Takhirov（2002）[29] 采用 ABAQUS 有限元模拟软件分析了 T 形钢连接节点的受力性能，结果表明该种形式的节点承载能力明显提高，且塑性变形良好。通过进一步分析发现节点连接部位的螺栓远离柱侧壁，效果更为显著，则是因为螺栓处的孔洞削弱了界面的承载力。Uang（2008）等[30] 开发了一种檩条式组合梁，梁与柱均贯通，通过高强度螺栓将带卷边的槽钢组合梁连接于柱两侧外壁，同时对槽钢腹板加焊钢板。结果表明该节点延性较好，梁屈服位置远离柱侧。此种装配式节点的梁柱均未被隔断，可有效减小梁柱因拼接而产生问题的概率，且施工相对快捷。Lee（2011）等[31] 通过槽钢设计了一个新型连接件，该节点无需焊接，仅通过螺栓、连接件将工字形钢梁与方钢管连接在一起，并进行了有限元模拟及试验研究。结果表明试件节点均是槽钢的严重变形而丧失承载力。Prinz（2014）等[32] 通过试验研究了加支撑的整体框架，梁上翼缘与柱、腹板与角钢通过高强螺栓连接，下翼缘无连接。结果表明变形主要出现在下翼缘处，最终上翼缘连接板破坏。

许多学者对钢结构柱脚节点也进行了大量的研究，结果表明柱脚节点处对钢柱下端的转动约束作用非常明显，其约束能力与嵌固类型的柱脚约束能力接近。

而传统上认为钢柱脚在弯矩作用下，底板的受力侧会与基础产生分离现象，类似于铰支，因此柱脚在弯矩作用下的承载力相对较为薄弱。实际上，在钢柱顶端有压力作用的情况下，可以加强底板与基础之间的接触。由此可见，即使柱脚设置少量的锚栓也可对柱端有良好的约束作用。

秋山宏（1985）[33]定量地分析了外露钢柱脚节点的抗弯刚度，即通过公式 $K_b = E_{nt} (h_t + h_g) / R l_b$ 来表示其刚度。Thambiratnam 和 Paramasivam（1986）[34]通过试验对钢柱脚进行了研究，主要考察了柱脚端板厚度与柱顶偏心距对承载力的影响。结果表明节点主要表现为端板破坏与锚栓破坏两种形式，但仅仅是定性分析。Targowski（1993）等[35]通过试验与有限元软件分析了钢柱脚在不受轴力、仅承受弯矩作用下的受力性能，结果显示锚栓与柱端板接触的部位应力较为显著。Sherbourne 和 Bahaari（1994）[36]对钢柱脚锚栓底板与锚栓的受力性能进行了详细研究，结果显示当底板的厚度较小式时，柱脚节点 65% 的转动是由于底板的柔度较弱导致的；当底板的厚度较大时，底板与锚栓对节点抵抗转动的能力基本相同。宗宫由典等[37]则主要通过试验考察了轴力变化对钢柱脚受力性能的影响，同时，还提出了柱脚节点的极限抗弯承载力与转动刚度的计算方程。Kanvinde（2013）等[38]通过有限元分析充分地分析了柱脚节点各组成部分的受力特点，研究结果显示其设计方法对底板应力分布存在一定影响，底板厚度较大时，柱与底板的连接部位应力往往较大。Borzouie（2014）等[39]对未施加预紧力的锚栓钢柱脚进行了试验研究，结果表明随着底板厚度的增大，其柱脚转动刚度越大，而延性随着柱顶轴力的减小逐渐增大。

沈擎（2014）[40]对比分析了钢柱脚节点在中美欧三种不同规范下的构造要求、材料选用与计算方法，并以这三种规范对同一设计实例进行了计算比较。张弦（2015）[41]将材料等级、螺栓直径、埋置深度作为参数对柱脚节点进行了试验、模拟研究，分析了在不同组合条件下锚栓的抗剪性能，对比总结了各试件的变形破坏形态、参数影响规律等。周帆（2015）[42]对锚栓式刚接柱脚进行了有限元分析，考察了在单双向弯矩作用下柱脚节点的力学性能，对比总结了柱脚底板厚度、锚栓直径、加劲肋的厚度和高度对其承载力的影响以及各参数下节点的变形形态。杨彬（2015）[43]根据工程实际中对锚栓预拉力的施加无既定标准的现状，通过有限元模拟对一工程案例中的钢柱脚进行了有限元分析，研究对比了有无预拉力及预拉力大小对其受力性能的影响。许亚红（2016）[44]通过有限元软件并引入弹簧单元模拟了钢柱脚的半刚性连接性能，考察了结构刚度、摩擦系数等因素对柱脚内力值的影响，结果表明半刚性柱脚可明显提高结构整体的耗能能力。崔瑶（2017）[45]对四个钢柱脚节点进行了试验研究，主要考察了方钢管柱在分别承受拉、压力作用下柱脚节点承受水平荷载能力，并且为充分利用锚栓的受拉性能探讨了不同荷载作用下锚栓的布置方式。

1.2.4 国内外钢结构风雪荷载研究现状

1. 国内外钢结构风荷载研究现状

我国在对一般房屋建筑进行设计时，风荷载体型系数均采用《建筑结构荷载规范》GB 50009—2012（以下简称"荷载规范"）。风荷载体型系数是指来流风在建筑物表面上引起的作用力（压力或吸力）与来流风的速度压的比值，其大小要根据建筑物具体所在地的环境、地面粗糙度进行取值。本文中研究的临时作业棚属于低矮性建筑，在进行风荷载取值时与一般房屋建筑有所不同，因为两者在受到风力作用后表现出的气流机理存在较大差异。因此，中国工程建设标准化协会制订了《门式刚架轻型房屋钢结构技术规程》GB 51022—2015（以下简称"轻钢规程"），对屋面坡度不大于 10 度，屋面平均高度不大于 18m，房屋高宽比不大于 1，且檐口高度不大于房屋最小水平尺寸的低矮建筑进行了专门规定。

国内的很多学者对低矮房屋的设计风荷载及受力性能进行了研究，邵卓民（1998）[46] 等对轻钢规程（CECS 102：1998）与荷载规范（GBJ 9—1987）中关于风荷载的规定作了荷载效应分析比较，提出了进行此类结构设计时应注意的问题；林功丁（2004）[47] 分析比较了轻钢规程（CECS 102：2002）与荷载规范（GB 50009—2001）中风荷载计算的不同，并针对不同条件下的风荷载提出了相应的计算方法；姜兰潮（2004）[48] 等以大量的工程实例进行对比分析，为门式刚架控制设计提出了重要结论；彭兴黔（2008）[49] 考察了风荷载对低层轻钢结构的开洞位置的影响，由于高层钢结构开洞可产生良好的卸载效果与迎风面突然开洞的破坏作用。因此，提出了针对低矮轻钢结构开洞抵御风荷载的气动措施；李文生（2008）[50] 等人对实际某大跨度刚架厂房工程的整体坍塌做了理论分析研究，提出应该在设计与施工阶段考虑结构体系的抗风问题；黄敏（2012）[51] 考虑了风振系数对门式刚架结构的影响，进一步改善了门式刚架轻钢结构的抗风设计思路；景晓昆（2012）[52] 指出了轻钢结构体系在抗风设计方面的现存问题，并给出了进一步的研究方向与方法，为后续轻钢结构的抗风分析与研究提供了借鉴与指导。李飚（2013）[53] 采用有限元分析软件获得了结构在不同工况下的抗风安全性系数及风致破坏形态，并为增加结构的安全性提出了简单有效的构造措施。周晶（2015）[54] 采用有限元分析软件分析了结构体系在风荷载作用下各构件之间相互作用，使受力更接近于实际。沈域（2017）[55] 以实际门式钢架轻钢厂房为例，通过有限元分析了不同工况下结构的承载能力与破坏形态，并总结了结构的受力、变形规律及产生的原因。

国外对低矮轻钢结构抗风设计的研究起步相对我国较早一些，主要采用基于规范和数据库进行研究并取得了良好的成果[56-59]。Kumar（2000）等[60] 通过风洞试验研究了低层建筑屋面在各种风向下的局部脉动风压，并总结了其风压与屋面形状、开孔位置及风向有关的结论。Rigato（2001）等[61] 也对比了不同版本的美国 ASCE 规范和风洞试验数据库，而后考虑了不同风向下的风荷载对门式刚架轻钢结构厂房的影响；Jang（2002）等[62] 通过风洞试验及非线性有限元方法对轻钢结构风致极限承载力、破坏形态进行了研究；Duthinh 和 Fritz（2007）等[63] 在 Jang 的研究基础上，将不同版本的美国 ASCE 规范与风洞试验数据库进行了对比分析；Coffman（2009）等[64] 则分析比较了由风洞试验数据库和规范获得的刚架特征点的弯矩。

2. 国内外钢结构雪荷载研究现状

由雪荷载引起的轻钢结构破坏模式主要分为承重结构破坏和围护结构破坏两种。其中，承重结构破坏包含主梁及檩条的平面外失稳、梁柱节点的弯扭失稳、结构坍塌等破坏形态。围护结构破坏主要是屋面板的变形塌陷、压折。结合过去发生的雪灾事故，暴雪是引起事故的直接原因，但是在轻钢结构的设计、施工过程中留下的隐患是引起事故的内在原因。首先，暴雪引起的雪荷载基本上都超过了荷载规范中给出的设计值，尤其是对雪荷载比较敏感轻钢结构，在进行设计时应当适当提高其基本雪压。其次，雪荷载在屋面的分布不均匀，导致局部荷载超过设计值引起破坏。最后，在设计中过度优化设计、减少用钢量，进而导致结构的承载力安全储备不够，在遭遇暴雪时极易发生结构体系的破坏。

国内的许多专家学者对轻钢结构雪荷载进行了大量的调查、研究与分析。费立连（2005）等[65] 分析了在雪荷载作用下倒塌的某轻钢结构钢棚，结果发现由于设计缺陷，结构缺乏必要的纵向支撑，结构杆件截面偏小，导致钢棚的空间稳定性较差，安全储备较低引起体系失稳破坏。杨海波（2006）等[66] 对 2005 年威海轻钢结构工程在暴雪后的破坏程度及一些工程事故进行了分析，并分别总结了轻钢结构的现存问题、设计与施工现状，进而提出了对轻钢结构在设计条件、施工标准与计算假定等方面的要求。曹迎春（2008）[67] 通过对 2007 年东北雪灾及 2008 年南方部分地区雨雪引起的轻钢结构房屋损坏进行了研究分析，发现大部分地区轻钢结构房屋承受的实际雪压超过了荷载规范的规定值。蒋坤（2010）等[68] 将降雪分布不均匀对轻钢结构的影响与规范中规定的屋面积雪分布系数相结合进行了分析研究，找出了破坏的症结所在，并提出了一些意见和建议。李飚（2013）[53] 按照荷载规范取用雪荷载组合，采用有限元分析方法对轻钢结构厂房的刚架进行了非线性分析，给出了刚架的失效模式。张望喜（2014）等[69] 通过对某单层工业厂房的现场调查，采用有限元分析方法对结构的倒塌过程进行了模拟，分析了结构的倒塌原因，并提出了结构优化设计、先进工艺对结构造成的不利影响。倪桂和（2016）[70] 采用同时考虑屋面活荷载与雪荷载的荷载组合、只考虑雪荷载的荷载组合并逐步增加基本雪压的方法，分析了结构的刚度、强度与稳定性。肖艳（2017）[71] 针对屋盖结构用 FEA 与 CFD 计算的雪荷载结果同我国的荷载规范进行了对比分析，提出了屋面积雪分布荷载规律，并提出了一些设计建议。郑先元（2018）[72] 对部分轻钢结构因屋面积雪发生坍塌的原因进行了调查分析，从结构的平面布置、施工方法、构造措施提出了一系列的建议。

国外学者 Peraza（2000）[73] 分析了轻钢结构房屋在雪荷载作用下倒塌的原因，并指出寒冷地区的高低建筑应该通过实验确定雪荷载的设计值。Meloysund（2006）等[74] 通过对现有轻钢结构建筑在雪荷载下的分析，提出了结构的安全性指标。Caglayan（2008）等[75] 分析了一个暴雪作用下倒塌的轻钢架构，结果表明低估积雪密度及设计失误是造成轻钢结构倒塌的主要原因。Albermani（2009）等[76] 对一栋暴雪作用下倒塌的输电塔进行了非线性分析，并提出采用非线性有限元方法可预测建筑物的倒塌破坏。Diaz（2010）等[77] 采用有限元分析软件建立了数值模型，通过逐级加大雪荷载的方法确定轻钢屋面在极端雪荷载下的临界屈曲荷载及极限屈曲荷载。Geis（2012）等[78] 统计了美国及其他国家近二十年间的多起由雪荷载引起的坍塌事故，指出降雪量较大及建筑自身的相关问题是引起坍塌破坏的主要原因。Piskoty（2013）等[79] 分析研究了一个在普通雪荷载作用下坍塌的体育馆屋顶，破坏主要原因是主梁支承端部位未设置必要的加劲肋而引起构件的屈曲破坏。

1.2.5 国内外钢结构及木材抗冲击性能研究现状

1. 国内外钢结构抗冲击性能研究现状

在实际工程中，我们针对结构或者构件的研究大多数是静力问题。在静力问题的研究中不考虑其加速度和惯性力，仅假定外荷载是缓慢地施加于结构或者构件上的，所以结构或者构件的变形速度发展的也相对较为缓慢。但是，现实中遇到的动态冲击问题也越来越多，尤其是当结构或者构件受到瞬时的较大外荷载时，其变形发展非常迅速，结构反应与静力问题有所不同。因此，在进行冲击荷载分析时，应综合考虑各种影响因素，比如：不同材料的应变率效应、材料的动态本构模型等。

国内学者熊明祥（2005）[80] 分别应用有限元软件 LS-DYNA、ABAQUS 分析了钢框架组合结构在冲击荷载作用下的动态响应，并结合试验结果对有限元模型进行了验证，提出了防止结构坍塌的措施。冀建平（2008）[81] 基于 45 号钢 3 种不同热处理下在不同应变率下的实验结果，根据材料的应力应变响应特性，通过 MATLAB 拟合出了本构关系中的参数，并进行了验证。陈凡（2012）[82] 通过试验得到了热轧 T 形方钢管节点在冲击荷载作用下的破坏模态、冲击力与位移时程曲线、荷载-位移关系曲线，并详细分析了该节点受冲击荷载后的受理机理与各组成部分构件承担的变形耗能。张磊（2013）[83] 对螺栓连接节点梁柱子结构进行了落锤冲击试验研究及非线性有限元数值模拟，分析了节点的破坏模式与变形形态，验证了有限元分析模型的有效性。欧阳翊龙（2015）[84] 对轴力作用下冷弯 T 形方钢管节点进行了冲击荷载试验研究，在有限元模拟结果与试验结果吻合的基础上，通过有限元软件进一步揭示了节点抗冲击的工作机理及变形耗能机制。孔德阳（2016）[85] 通过对受冲击荷载作用下不同钢框架结构梁-柱连接形式的试验与数值模拟，对比了不同连接形式下节点的抗冲击能力，并从能量转化的角度，对比证明了模型计算结果的正确性；并深入分析了钢结构构件在受到冲击荷载作用下吸收冲击能量的能力，由此提出了能量转化比的概念。蒋亚丽（2017）[86] 通过试验研究了低碳钢在低速冲击作用下损伤本构模型，并结合有限元模拟验证了修正后本构模型的准确性。崔安稳（2018）[87] 对 K 形管节点在受压状态下的抗冲击性能进行了试验研究，详细分析了节点的抗冲击能力、变形机理、能量耗散，并结合有限元与试验对比了位移与冲击力时程曲线等指标。

国外学者 Zeinoddini（2008）等[88] 通过 ABAQUS 对是否具有轴向力作用的管结构进行了有限元分析，模拟结果与之前的实验结果曲线吻合良好，并指出轴向力对受横向冲击的管结构的变形与承载力影响非常明显。Bambach（2008）等[89] 研究了方钢管在侧向荷载作用下的动静力试验，结果表明构件在冲击荷载作用下的承载力明显高于静荷载作用下的承载力，充分印证了钢材是具有率相关性特点的材料。Jones（2010）等[90] 研究分析了管构件在侧向冲击力作用下的破坏形态，并与有限元模拟进行了对比，其结果吻合良好。Khedmati（2012）等[91] 以冲击位置与边界条件为参数研究了轴向受力构件在侧向冲击荷载作用下的性能，结果发现两者对试件的冲击性能影响非常明显。Kazanci（2012）等[92] 分别采用有限元软件中的显示积分及隐式积分方法模拟分析了薄壁高强钢管受轴向冲击荷载的抗冲击性能，结果表明隐式积分有着独特优势，并可用来有效替代通过显示积分模拟受动荷载作用下构件的冲击性能。

2. 国内外木材抗冲击性能研究现状

本书中开发的新型钢结构临时作业棚上层防护层是由木材铺设而成，由木材直接承受坠落物体产生的冲击荷载，对于保护作业棚下工人安全作业具有重要作用。木材属于各向异性材料，各向力学性能参数不一，需要对木材在受到冲击荷载作用下的破坏模式及抗冲击性能进行细致分析。因此，国内外专家学者对木材的动态力学性能进行了一系列研究。

国内学者刘云川（2009）等[93] 通过分离式霍普金森压杆动态压缩实验，对杨木在高应变率条件下的力学特性进行了研究，结果表明应变率对杨木失效强度的影响符合对数率。陈新华（2010）[94] 以松木、中密度板及刨花板为原材料的木制家具进行了抗冲击性能试验研究，分别考察了不同跨距、厚度、宽度对其抗冲击性能的影响。李树森（2013）等[95] 以一维应力波理论与破坏理论为基础，通过 ABAQUS 有限元软件获得了木材动态压缩的力学特性关系。张秋实（2014）

等[96] 以落叶松为研究对象，通过 ABAQUS 有限元软件及子程序的二次开发得到了球形钢弹侵彻木材过程中的能量、位移、接触力、应力的变化。王正（2015）等[97] 以云杉为研究对象，根据动力学原理，通过动态测试试验得到了木材的各项泊松比及其关系，为木材的力学性能测定研究工作提供了依据。李敏（2016）等[98] 以多种木材作为基材，对表面漆膜进行了抗冲击性能试验研究，结果表明木材密度对其冲击性能起决定因素。

国外学者 Mano（2002）[99] 研究了木材平行于纹理及垂直于纹理方向在拉伸、弯曲、压缩模式下的动态黏弹性。Vural（2003）等[100] 研究了木材受到冲击荷载作用后，其细胞壁之间强烈的剪切、摩擦、碰撞加剧了能量的消耗，存在应变率增强效应。Tagarielli（2008）等[101] 利用分离式霍普金森方法研究了不同密度轻木的动态压缩特征及破坏机制。

1.2.6 外露式钢柱脚的国内外研究现状

柱脚是钢结构中用于上部主体结构和底部基础连接的节点，它必须有效地传递柱子底部的剪力、轴力和弯矩，对钢结构中上部的主体结构的受力性能有直接影响，是决定整个钢结构受力性能的关键节点。钢结构柱脚按构造形式可以分为外露式柱脚、外包式柱脚和埋入式柱脚三种[32-34]。

外露式柱脚由于具有构造简单、施工方便、造价低的优点，是钢结构建筑中应用最广泛的柱脚形式。外露式柱脚主要组成部分包括钢柱、底部端板、锚栓和混凝土基础等，钢柱与端板通过焊接进行连接，然后通过提前在混凝土基础中预埋的锚栓与混凝土基础实现连接固定，有时为了增强其受力性能，需要在钢柱底板连接处添加加劲肋。外露式柱脚一般在轻型钢结构和中低层建筑中应用[35]。

至今为止，很多国内外学者致力于钢结构中钢结构外露式柱脚的力学性能以及影响其力学性能的因素的研究，并取得大量成果。马人乐等（2004）[36] 对门式刚架轻型钢结构工业厂房柱脚抗剪机理进行了试验研究和理论分析。王永等（2009）[37] 利用 ANSYS 有限元软件对外露式柱脚进行了数值模拟研究，研究表明外露式柱脚的极限承载力较高。但泽义等（2010）[38] 指出了外露式柱脚、外包式柱脚、埋入式柱脚及插入式柱脚四种固接式柱脚的适用范围，并分析了四种柱脚的受力机理。王岩辉（2012）[39] 分析了简单的方钢管柱露出型钢柱脚的力学性能，研究了锚栓直径、锚栓的位置、底板厚度等因素对柱脚受力性能的影响。黄乐平（2013）[40] 考虑了锚栓直径、底板厚度、加劲肋高度及厚度等因素对不同截面尺寸的矩形和 H 形截面钢管柱柱脚受力性能的影响。刘浩（2016）[41] 通过拟静力加载试验，从承载力、刚度等方面讨论了锚栓数量、材料和排列方式等对外露式柱脚受力行为的影响。王蒙（2016）[42] 以矩形钢管柱外露式钢柱脚为例，采用 ABAQUS 建立有限元模型，对柱脚的受力性能进行研究，分析了有无加劲肋、底板厚度等因素对柱脚受力性能的影响。

1.2.7　研究内容

1）开发出新型装配式钢结构临时作业棚，并对临时作业棚构件选择相应的规格型号，通过结构力学求解器计算各部位的最大弯矩、轴力、剪力、挠度，验证构件选型的合理性；并通过此数据对各节点处的螺栓、焊缝进行计算。

2）设计出临时作业棚标准化、模数化图集，并给出相关节点构造、施工方法及防雨、防砸措施。

3）研究关键柱脚节点的锚固性能，分别考察端板厚度、锚栓直径、有无加劲肋及加劲肋厚度对承载力的影响。

4）考虑结构在风雪荷载作用下的安全性，分析雪荷载、纵横向风荷载及荷载组合效应下结构的强度、刚度。

5）基于施工现场临时作业棚要具有安全防护功能，研究高空坠物的质量、作用面积、坠落位置、防护层木材的种类与厚度对新型临时作业棚抗冲击性能的影响。

第2章

钢结构临时作业棚结构形式的开发

2.1 新型结构形式的开发

2.1.1 背景技术

新型钢结构临时作业棚适用于建筑施工现场钢筋加工棚、安全通道、器械防护棚、木工加工棚等。其结构形式主要以钢框架为主,以满足施工现场材料运输方便的要求,然后按照实际工程中作业棚所处位置,设置合理的防雨、防砸措施,保障工人安全作业的同时,也可保证工程器械不被损坏。

2.1.2 开发新型结构形式的思路

1) 结构形式标准化、模数化,这样不仅方便工厂预制,而且方便实际工程按照现场需要设置拼装单元数量,主要构件之间可以相互换。

2) 结构形式仍然采用矩形钢框架,这样方便材料的运输与加工,也方便工人作业。

3) 受力明确、安全可靠、周转使用周期长。

4) 拆卸组装方便、节约钢材、施工现场全部通过螺栓连接组装,完全无焊接。

2.1.3 设计目标

考虑承载能力极限状态及正常使用极限状态的要求,以及经济、实用、美观的要求,预制构件应满足以下几点目标:

1) 结构、构件及节点均应进行承载力计算。

2) 在正常使用状态下(包括风荷载、雪荷载、结构自重等作用),保证结构构件处于正常工作状态,并且验算需要控制变形值的构件的变形。

3) 预制构件尚应对其脱模、起吊和运输安装等施工阶段进行承载力及变形的控制验算,并应对安装运输过程中可能出现的受力工况进行验算。

2.1.4 设计原则

预制构件的设计主要遵循的原则有以下几点:

1）构件的设计需要满足构件的使用功能。构件的使用功能是设计方向的决定性因素，为构件生产及施工安装确定了方向。设计时要以满足使用功能为前提，综合考虑现有建材性能指标，进行结构构件的设计。

2）构件的设计应考虑到造价成本，发挥轻钢结构经济上的综合优势，从材料选择、节点等方面考虑设计阶段的经济性。

3）设计的构件必须具备工厂加工和现场安装的条件。满足构件施工与生产需求后才能考虑构件的生产与施工，生产和施工需求的强制性与灵活性也制约着构件的使用要求。根据施工与生产要求不断地对构件的功能性进行调整。

2.2 材料与构件

2.2.1 主要构件及选择原则

1. 竖向承重构件——方钢管立柱

1）抗弯、抗压能力高。

2）便于立柱四周斜撑的设置，斜撑部位无需焊接。

3）产品规格多，方便加工与制作。

2. 水平承重构件——双拼 C 形工字钢梁

1）抗弯能力高，节约钢材。

2）翼缘端面平直，便于加工连接。

3）产品型号丰富，方便加工与制作。

4）自重轻，方便拆卸与组装。

3. 防护层的设置

1）上层纵横向结构：冷弯方钢管焊接组成的空腹式桁架。

（1）承载力高。

（2）可满足防砸要求的设置。

2）下层檩条：矩形方钢管。

（1）抗弯截面能力强。

（2）可满足防雨要求的设置，也可满足双层防砸的设置。

2.2.2 新型钢结构临时作业棚形式与构件设计

为了方便本文描述，现将开发的两种新型钢结构临时作业棚整体形式展示如图 2.1、图 2.2 所示。一种为双排柱形钢结构临时作业棚；另一种为 T 形临时作业棚。双排柱形临时作业棚的构件主要包括：方钢管立柱、双拼 C 形工字钢梁、矩形钢管檩条、方钢管斜撑、纵横向空腹式桁架；其中空腹式桁架由若干方钢管在工厂预先焊接而成。最后通过节点的构造、连接将各构件组装在一起，如图 2.1 所示。

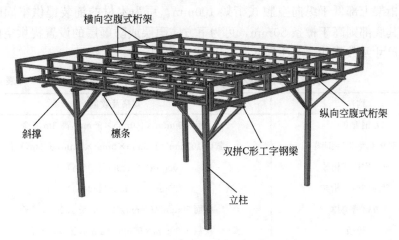

图 2.1　双排柱形钢结构临时作业棚

本书设计的 T 形钢结构临时作业棚的下部结构采用单根立柱的形式，有利于扩大其使用空间，方便材料运输；上部结构采用双层防护，其中下层铺设彩钢板用于防雨防雪，上层铺设木材用于抵挡施工现场物体的坠落，可以有效地保护施工现场处于临时作业棚内的工人、材料和机器，安全可靠；T 形钢结构临时作业棚可实现标准化设计，通过多个单元进行拼装，以满足施工现场对临时作业棚的不同的尺寸需求，如图 2.2 所示。

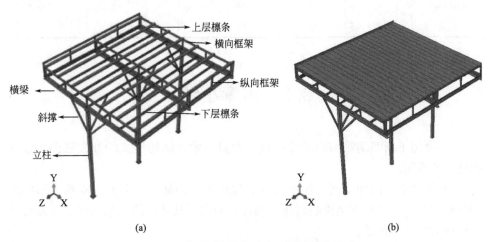

图 2.2　T 形钢结构临时作业棚的结构形式
（a）整体钢框架；（b）铺设脚手板

单个拼装单元可覆盖面积 $36m^2$，纵横向立柱间距均为 4m，四周各悬挑 1m，方便设置双向斜撑，保证结构稳定的同时，也可保证柱脚不受雨水的侵蚀。横向悬挑通过横向双拼 C 形工字梁实现，纵向悬挑则通过纵向空腹式桁架实现；横向空腹式桁架上部低于纵向空腹式桁架 100mm，可为木材的铺装提供牢固的边界约束；其底部则高于檩条 50mm，可为下方防雨层或防砸层的设置提供空间。主要构件尺寸及数量如表 2.1 所示。

双排柱形钢结构临时加工棚主要构件尺寸及数量　　　　　表 2.1

构件	规格及数量
方钢管立柱	截面 100mm×100mm×55mm，高 3m，4 个
双拼 C 形工字钢梁	截面 100mm×100mm×5mm×5mm，长 6m，1 个
纵向空腹式桁架	6000mm×600mm（长×高），2 个
横向空腹式桁架	5700mm×400mm（长×高），7 个
方钢管斜撑	截面 50mm×50mm×2mm，长 1.26m，12 个
檩条	截面 90mm×50mm×2mm，长 6m，5 个
彩钢板	HH-YXB990，板厚 0.8mm，长 5.8m，8 块

T 形钢结构临时作业棚的下部结构采用单根立柱的形式，有利于扩大其使用空间，方便材料运输。主要的构件尺寸及数量如表 2.2 所示。

T 形钢结构临时作业棚主要构件尺寸及数量　　　　　表 2.2

构件	立柱	横梁	下层檩条	横向框架	纵向框架	上层檩条
尺寸(m)	4	6	6	0.4×5.7	0.6×6	6
间距(m)	3	3	0.88	3	6	0.8/0.85
数量	3	3	7	3	2	7

2.3　本章小结

1）介绍了新型钢结构临时作业棚的背景技术，结构形式的开发思路，设计的目标及原则。

2）设计出了两种不同结构形式的装配式钢结构临时作业棚：双排柱形钢结构临时作业棚、T 形钢结构临时作业棚，并列出了其具有的一系列优点以及各主要构件的尺寸及数量。

■ 第 **3** 章 ■

钢结构临时作业棚柱脚节点受力 性能有限元分析

本章主要对 ABAQUS 建立模型的过程进行了介绍，包括各种材料的本构关系、约束条件与加载方式、网格划分及单元选取、接触关系等，并采用 ABAQUS 的主求解器模块 ABAQUS/Standard 对钢结构临时作业棚柱脚节点受力性能进行数值模拟分析，初步研究柱脚各组成构件的应力分布与破坏模式，分析探讨了端板厚度、锚栓直径及有无加劲肋、加劲肋厚度对柱脚承载力的影响，为钢结构临时作业棚柱脚节点的设置提供可靠的依据。

3.1 有限元分析方法

3.1.1 简介

有限元分析方法最早主要应用于飞机结构的矩阵分析中，经过数十年的不断发展，现如今已经被广泛应用于石油化工、电信、桥梁、机械、土木建筑等诸多领域。其求解的核心技术是将复杂问题简单化，把整体划分为多个微小单元，求解每个微小单元的近似解，进而反向推断满足该解的所有条件，以得到问题的解。由于实际问题被相对简单的问题所替代，所以该解仅仅是一个近似值，并不是精确值。由于大多数工程实际问题中难以得到准确的解，而采用有限元方法不仅计算的精度高，还能够适应各类复杂的形状，因而成了行之有效的工程分析方法。

计算机的广泛应用大大推动了有限单元法数值模拟技术的快速发展，国际上面向工程实际应用的大型有限元分析软件有数百种，包括 ABAQUS、ANSYS、MSC、FEPG 等，软件中涵盖的分析功能也越来越全面，其分析结果已经成为许多工业产品的设计及性能分析的重要依据。

3.1.2 分析步骤

通过有限元分析方法解决问题的基本步骤为：

1）定义求解域：首先要结合实际工程情况，然后近似确定求解域的物理性质与几何区域。

2）结构离散化：所谓离散化，就是将所要分析的结构划分为许多彼此连接的有限个单元，在软件中我们称之为单元网格划分，单元可以为三角形、四边形、四面体、六面体、八面体等，单元网格划分的越细致，与实际问题越接近，计算结果也越精确，但是计算成本会大大增加，所以结构离散化是有限元分析方法的核心技术之一。

3）单元分析：首先建立单元求解方程；其次推导出单元节点位移和节点力的关系，最后列出单元的刚度矩阵。其中，为保证计算精确、顺利求解，单元形状尽量采用规则的形状。

4）施加荷载及边界条件：一般为减小有限元计算误差，通常用微分方程表示问题状态变量。

5）求解方程：通过单元形成的总矩阵方程联立方程组对结构进行求解。求解方法主要采用直接法、随机法、迭代法。

6）结果解释：求解结果是具体某个单元节点处状态变量的近似值。将求解结果与设计准则的限值进行对比，检验计算的质量，并确定是否需要重新计算。

简而言之，有限元分析方法通常分为前处理、求解、后处理三部分内容。前处理阶段主要通过几何模型的建立、定义材料属性、网格单元选取与划分、施加荷载及边界条件等步骤为进行有限元分析建立基础。求解阶段是有限元分析法的核心，设置好分析参数后直接调用相关求解器即可进行计算。后处理阶段是对有限元分析结果的处理，主要包含分析数据的输出、各种云图的显示等。

3.2　ABAQUS 软件介绍

ABAQUS 是一款大型通用有限元软件，包括前处理、求解器、后处理三个阶段，被广泛地认为是功能最强的有限元分析软件之一，软件中具有任意实际形状的共 8 种类型 400 多种不同的单元库，同时还包含多种材料模型库，可准确模拟钢筋混凝土、复合材料、金属、橡胶等诸多材料。其核心求解模块分为 ABAQUS/Standard 和 ABAQUS/Explicit，前者是通用的有限元分析模块，主要采用隐式分析方法；后者是特殊目的有限元分析模块，主要采用显式动力学分析方法；可解决问题范围非常广泛，不仅可以解决相对简单的线性问题，还可以解决许多复杂的非线性问题，并且都会得到较满意的结果。由于 ABAQUS/Standard 求解器模块在满足分析精度的情况下，还能够简化有限元分析求解过程，并得到准确的结果，因此，本章采用 ABAQUS/Standard 求解器模块对钢柱脚模型进行有限元模拟分析。

3.3 柱脚有限元模型的建立

3.3.1 材料本构模型

1. 混凝土模型

ABAQUS 提供了四种混凝土本构模型可供选取：①混凝土弥散裂缝模型（Concrete smeared cracking model）；②混凝土脆性开裂模型（Concrete brittle cracking model）；③混凝土损伤塑性模型（Concrete damaged plasticity model）；④帽盖 D-P 模型（CapDrucker-Prager model）。

1) 混凝土弥散裂缝模型（Concrete smeared cracking model）

混凝土弥散裂缝模型应用于 ABAQUS/Standard 求解器模块，它是通过各向同性硬化屈服面和独立的裂纹探测面来定义材料的弹性损伤，以此来描述混凝土开裂后的弹性行为。在模拟中，需要把弥散裂缝与宏观裂缝区分开，前者通过给定的"TENSION STIFFENING"改变混凝土的拉伸刚度，其在外力作用下混凝土产生的裂缝还能够闭合，混凝土受力出现裂缝后的单元还能够承担部分应力。而后者则会由于达到极限承载力而导致混凝土破碎脱落。

2) 混凝土脆性开裂模型（Concrete brittle cracking model）

混凝土脆性开裂模型应用于 ABAQUS/Explicit 求解器模块，采用显示动力学有限元分析方法，能够模拟陶瓷、素混凝土等多种脆性材料。该模型假设因受拉而出现裂缝前材料是线弹性的，主要适用于爆炸、撞击等短暂的动态分析；而在受压时应力-应变曲线为线弹性。

3) 混凝土损伤塑性模型（Concrete damaged plasticity model）

混凝土损伤塑性模型能够应用在 ABAQUS/Standard 与 ABAQUS/Explicit 两个不同的求解器模块中。其主要结合了各向同性拉伸、压缩塑性理论及各向同性损伤弹性来描述混凝土材料在外力作用下的非弹性行为，又充分结合了非关联多重硬化塑性与各向同性弹性损伤理论来描述混凝土在断裂阶段中的损伤行为，可用来模拟钢筋混凝土和素混凝土在单调加载、循环往复加载及动态加载下结构分析，并具有较好的收敛性。

综合比较，混凝土损伤塑性模型具有适用范围更加广泛，计算精度高，收敛效果较好等诸多优点。因此，本章在对钢柱脚模型进行有限元模拟分析时采用混凝土损伤塑性模型。在此模型中结合施工现场场地硬化采用混凝土的实际情况，混凝土采用强度等级为 C20，混凝土本构关系采用《混凝土结构设计规范》GB 50010—2010[102] 给出的混凝土单轴受拉、受压应力应变曲线，如图 3.1 所示，输入 ABAQUS 中的混凝土本构关系具体数值按以下公式确定，其性能参数见表 3.1。

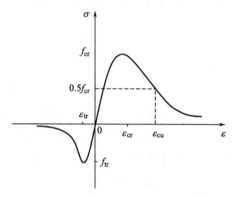

图 3.1　混凝土单轴应力-应变关系

　　注：混凝土受拉、受压的应力-应变曲线图绘于同一坐标系中，但取不同的比例。符号取"受拉为负、受压为正"。

$$\sigma = (1 - d_t)E_c\varepsilon \tag{3.1}$$

$$d_t = \begin{cases} 1 - \rho_t\left[1.2 - 0.2x^5\right] & x \leqslant 1 \\ 1 - \dfrac{\rho_t}{\alpha_t(x-1)^{1.7} + x} & x > 1 \end{cases} \tag{3.2}$$

$$x = \frac{\varepsilon}{\varepsilon_{t,r}} \tag{3.3}$$

$$\rho_t = \frac{f_{t,r}}{E_c\varepsilon_{t,r}} \tag{3.4}$$

式中　α_t——混凝土单轴受拉应力-应变曲线下降段的参数值；

　　　$f_{t,r}$——混凝土的单轴抗拉强度代表值；

　　　$\varepsilon_{t,r}$——与单轴抗拉强度代表值 $f_{t,r}$ 相应的混凝土峰值拉应变；

　　　d_t——混凝土单轴受拉损伤演化参数。

$$\sigma = (1 - d_c)E_c\varepsilon \tag{3.5}$$

$$d_c = \begin{cases} 1 - \dfrac{\rho_c n}{n - 1 + x^n} & x \leqslant 1 \\ 1 - \dfrac{\rho_c}{\alpha_c(x-1)^2 + x} & x > 1 \end{cases} \tag{3.6}$$

$$\rho_c = \frac{f_{c,r}}{E_c\varepsilon_{c,r}} \tag{3.7}$$

$$n = \frac{E_c\varepsilon_{c,r}}{E_c\varepsilon_{c,r} - f_{c,r}} \tag{3.8}$$

$$x = \frac{\varepsilon}{\varepsilon_{c,r}} \tag{3.9}$$

式中 α_c——混凝土单轴受压应力-应变曲线下降段参数值；

$\quad\quad f_{c,r}$——混凝土单轴抗压强度代表值；

$\quad\quad \varepsilon_{c,r}$——与单轴抗拉强度代表值 $f_{t,r}$ 相应的混凝土峰值压应变；

$\quad\quad d_c$——混凝土单轴受压损伤演化参数。

注：以上相应的下降段参数值、强度代表值等具体参数均可参考《混凝土结构设计规范》GB 50010—2010 附录 C 进行取值。

混凝土材料属性				表 3.1
杨氏模量	泊松比	抗压强度	抗拉强度	密度
25500MPa	0.2	13.4MPa	1.52MPa	2400kg/m³

2. 钢材模型

对于金属材料，ABAQUS 为我们提供了经典塑性理论本构关系。本章采用 VonMises 屈服准则及相关流动准则。在有限元分析阶段，为不失一般性，钢材材性取名义值，模型中包含的冷弯薄壁方钢管、端板均采用 Q235 钢，屈服强度均为 235MPa，锚栓采用 4.8 级普通螺栓，屈服强度 320MPa，为保证计算精度，对钢材的应力-应变曲线适当进行简化，两者均采用二折线弹塑性强化模型。该种模型定义下的材料屈服后，其仍然具有一个很小的弹性模量，这样能够充分考虑钢材的应变硬化性能，即为材料强化段。强化段斜率取 0.01 倍的弹性模量，钢材本构关系如图 3.2 所示，两者材料属性见表 3.2、表 3.3。

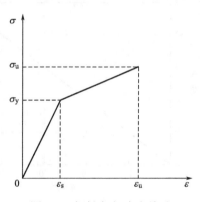

图 3.2 钢材应力-应变关系

方钢管、端板、加劲肋材料属性				表 3.2
杨氏模量	泊松比	屈服强度	极限强度	密度
206GPa	0.3	235MPa	450MPa	7800kg/m³

锚栓材料属性				表 3.3
杨氏模量	泊松比	屈服强度	极限强度	密度
206GPa	0.3	320MPa	400MPa	7800kg/m³

$$当\ \varepsilon \leqslant \varepsilon_s,\ \sigma_s = E_s \varepsilon_s \tag{3.10}$$

$$当\ \varepsilon \geqslant \varepsilon_s,\ \sigma_s = \sigma_y + (\varepsilon - \varepsilon_y)0.01E_s \tag{3.11}$$

式中　ε——总应变；

　　　ε_s——弹性应变；

　　　σ_s——应力；

　　　σ_y——屈服应力。

3.3.2　施加约束及加载控制

有限元模型主要包含的构件有：混凝土底座、方钢管立柱、锚栓、端板。根据实际应用情况，对混凝土底座施加固定约束，然后靠近柱顶的钢管侧壁建立参考点，参考点通过耦合（coupling）与钢管的加载区域固定在一起，然后在参考点处施加单调的侧向荷载，并对锚栓预先施加预紧力（bolt load），用于模拟柱脚的实际施工情况。故在初始分析步，在模型底端施加固端约束；然后在步骤 1（step1）到步骤 5（step5）分级施加锚栓预紧力，而后在步骤 6（step6）施加侧向荷载。侧向荷载采用单调位移加载控制，具体加载方案如图 3.3 所示，约束及加载模型如图 3.4 所示。

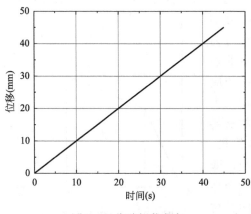

图 3.3　位移加载方案

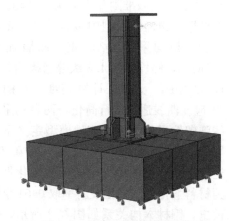

图 3.4　约束及加载有限元模型

3.3.3　网格划分及单元选取

模型在受到外荷载作用后，其中的变形和应力主要集中在立柱底端、加劲肋、端板、锚栓、混凝土相互有作用及约束的部位，基于有限元理论，为保证模拟具有较高的精确度，这部分模型需要更加细致的离散，为了减少计算成本，将模型各部件局部细化成为必然。其中，锚栓建模做简化处理，不对螺纹进行建模，以螺栓的有效直径作为螺杆的净截面直径，螺母与螺杆在建模时直接设为一个整体。所有构件单元类型均采用 C3D8R，即八节点六面体线性减缩积分实体单元。模型中部分构件网格细化后模型如图 3.5～图 3.7 所示，有限元网格整体模型如图 3.8 所示。

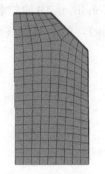

图 3.5　加劲肋模型

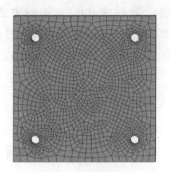

图 3.6　下端板模型

图 3.7　锚栓模型

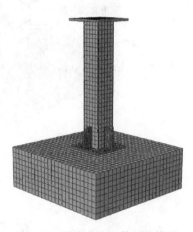

图 3.8　柱脚节点整体网格模型

3.3.4　组成部分的接触关系与边界条件的设定

在有限元模型建立过程中，混凝土与螺栓之间的相互作用（Interaction）采用约束关系（Constraint）中的 tie 约束，tie 约束关系同样应用于加劲肋与立柱、立柱与端板的相互作用关系中；混凝土与端板相互作用（Interaction）采用面-面接触（Surface-to-surface contact），在接触属性（Interaction Property）中定义法向（Normal Behavior）属性为硬接触（Hard-Contact），切向（Tangential Behavior）属性采用库仑摩擦，摩擦系数（Friction Coeff）为 0.4；螺栓与端板的相互作用为同样采用面-面接触（Surface-to-surface contact），法向采用硬接触（Hard-Contact），切向采用库仑摩擦，摩擦系数为 0.3。

有限元模型采用软件中 Boundary Condition 功能定义模型的边界条件。混凝土底部采用固接约束以模拟实际工程中的硬化混凝土地面基础，具体边界条件如图 3.9 所示；在 Load 命令中施加螺栓的预紧力，预先将螺栓预紧力设定为螺栓钢材屈服荷载的 60%。加载方式采用 Boundary Condition 中的位移加载，如图 3.10 所示。先将参考点与立柱进行耦合（Coupling），然后将位移荷载施加于参考点上以完成位移荷载的剪力。

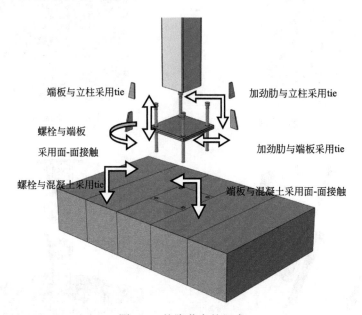

端板与立柱采用tie 　　加劲肋与立柱采用tie

螺栓与端板
采用面-面接触 　　加劲肋与端板采用tie

螺栓与混凝土采用tie 　　端板与混凝土采用面-面接触

图 3.9　柱脚节点的组成

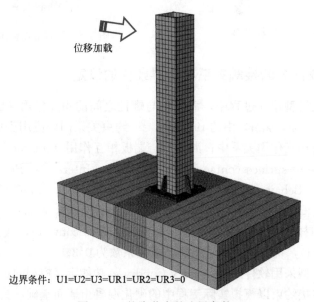

位移加载

边界条件：U1=U2=U3=UR1=UR2=UR3=0

图 3.10　柱脚节点的边界条件

3.4 柱脚节点的传力机理

柱脚节点通过焊接将方钢管立柱、端板、加劲肋组成为一个整体，在柱底端板的四个角部各设置一个锚栓，锚栓固定于混凝土底座中，并设置合理的锚栓锚固长度，以便构成理想的刚接柱脚。

对于方钢管立柱而言，主要通过加劲肋、端板强化其刚度，使得原先有立柱承担的弯矩转移到底板地面；由于锚栓锚固在混凝土底座中，承担了由侧向荷载作用引起的拉力作用，大大减小了柱脚的转动，提高了节点的强度和刚度。节点处的剪力一般由抗剪键传递，或者通过端板与混凝土之间的摩擦力传递，本章根据节点实际应用情况，未设置抗剪键，考虑由摩擦力抵抗柱脚节点处的剪力。

3.5 柱脚节点的破坏形式

根据柱脚节点受力后的传力机理分析，其可能出现的破坏形式有以下几种：

1) 受压一侧加劲肋的压弯破坏，刚接柱脚节点产生的压应力大部分通过受压侧加劲肋、柱底端板传递至混凝土底座，加劲肋角点处极易出现应力集中现象。

2) 受拉一侧柱底端板的受拉破坏，刚接柱脚节点产生的弯曲变形主要由柱底端板的抗弯刚度承受，端板的厚度较小势必会导致强度破坏。

3) 受拉一侧方钢管与端板连接处的受拉破坏，刚接柱脚节点产生的弯曲变形部分由受拉侧加劲肋传递至柱底端板，加劲肋与方钢管立柱、柱底端板的角点处容易出现应力集中现象。

4) 柱脚锚栓的弯曲变形过大，发生受拉破坏，或剪切变形过大，发生剪切破坏，两者均会导致结构丧失承载力。锚栓的弯曲变形主要是由柱脚弯矩产生的拉应力引起；而剪切变形主要是由节点在外荷载作用下产生的剪力超过了摩擦力而导致锚栓滑移量过大。

5) 受压侧端板下部的局部混凝土受压破坏，主要是混凝土达到抗压强度破坏。

6) 受拉侧锚栓附近的混凝土受拉破坏，主要是混凝土达到抗拉强度破坏。

基于上述对柱脚节点破坏形式的分析，有必要对柱脚节点各组成构件进行深入的受力情况分析。

3.6 柱脚节点模拟破坏过程分析

本节主要根据新型钢结构临时作业棚的实际设计柱脚节点，采用有限元软件对其进行了受力分析，柱脚各部件有限元分析结果模型如图 3.11 所示。

柱脚节点的弹塑性加载破坏全过程如下所述：

该构件节点的破坏过程可分为弹性阶段、弹塑性阶段、破坏阶段。图 3.12 为全过程的荷载位移曲线图。图 3.13～图 3.15 所示为柱脚节点弹塑性加载破坏全过程应力云图。

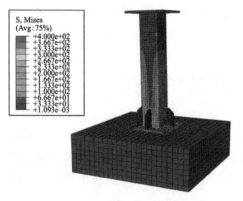

图 3.11 有限元分析结果

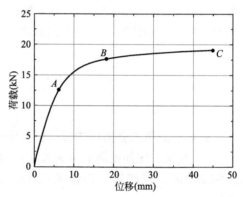

图 3.12 荷载-位移曲线

弹性阶段：当荷载小于 12.60kN 时，构件处于弹性阶段 OA 段，柱脚顶端的水平荷载-位移曲线基本处于直线上升阶段，此时柱脚的刚度相对较大，受拉侧锚栓周围部分混凝土达到了塑性应变。卸载时，变形仍能恢复至原点，无残余变形，其对应的应力云图如图 3.13 所示。

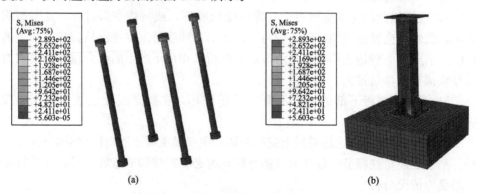

图 3.13 弹性阶段柱脚及螺栓应力云图
(a) 弹性阶段螺栓 Mises 应力云图；(b) 弹性阶段 Mises 应力云图

弹塑性阶段：当加载至 12.60kN 后，构件出现屈服的特征，主要是受拉侧锚栓、方钢管与端板连接处出现屈服，进入弹塑性阶段 AB 段，主要表现为柱端水平荷载-位移曲线开始偏离原先直线，受拉侧锚栓开始出现屈服，且受拉侧混凝土部分达到了塑性应变，边缘混凝土出现局部破坏，其应力云图如图 3.14 所示。

图 3.14　弹塑性阶段柱脚及螺栓应力云图
(a) 弹塑性螺栓阶段 Mises 应力云图；(b) 弹塑性阶段 Mises 应力云图

破坏阶段：继续施加荷载，位移明显增大但荷载无明显增加，荷载-位移曲线开始趋于平缓 BC 段，柱脚节点模型刚度逐渐降低为 0。受拉侧方钢管与端板连接处大面积屈服，受拉侧露出段锚栓达到极限强度，锚栓退出工作，构件失去承载力，发生破坏，其对应的应力云图如图 3.15 所示。

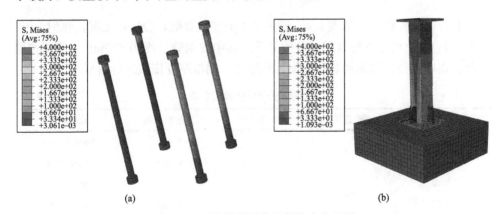

图 3.15　破坏阶段柱脚及螺栓应力云图
(a) 破坏阶段螺栓 Mises 应力云图；(b) 破坏阶段 Mises 应力云图

图 3.16 描绘的为柱脚的弯矩-转角曲线。从曲线可以看出，在位移荷载的加载初期，柱脚模型处于线弹性阶段，弯矩-转角曲线呈直线关系上升，弯矩的增

加速度要明显高于转角的增加速度，但是在位移荷载加载中期，即弯矩达到 7.5kN·m 时，节点开始屈服，在弯矩增幅较小的情况下，转角的增加速率明显增大，弯矩-转角曲线不再维持直线关系，柱脚节点转动刚度明显减小。初始刚度 $7.74×10^5$ kN·mm/rad，试件屈服时刚度 $7.36×10^5$ kN·mm/rad，加载后期刚度 $3.95×10^5$ kN·mm/rad，且曲线明显进入了平缓阶段，刚度逐渐退化至 0，构件失去承载能力。

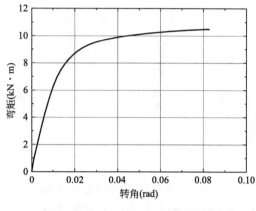

图 3.16　弯矩-转角曲线

3.7　变参数模拟分析

分析试件参数汇总见表 3.4，设置了 4 个变化参数，分四组工况，每组 12 个模型，共 48 个模型进行有限元数值分析，其中方钢管长度为 600mm，模型按照工况、锚栓直径、有无加劲肋、加劲肋厚度、端板厚度依次进行编号。

柱脚模拟分析参数汇总表　　　　　　　　　　　　　　表 3.4

试件	锚栓直径	有无加劲肋	加劲肋厚度	端板厚度
工况一	10mm	有	5mm	5mm、10mm
1-1-12		无	10mm	15mm、20mm
工况二	12mm	有	5mm	5mm、10mm
2-1-12		无	10mm	15mm、20mm
工况三	14mm	有	5mm	5mm、10mm
3-1-12		无	10mm	15mm、20mm
工况四	16mm	有	5mm	5mm、10mm
4-1-12		无	10mm	15mm、20mm

3.7.1 锚栓直径的影响

为了研究对比锚栓直径对柱脚节点受力性能的影响，保持有无加劲肋、加劲肋厚度不变，对比了部分工况下模型的变形破坏形态及承载力变化。不同工况下模型的应力云图如图 3.17、图 3.18 所示。

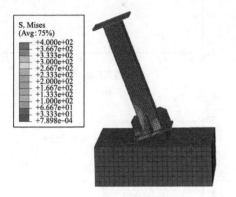
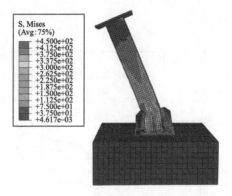

图 3.17　模型 6 的变形形态　　　　图 3.18　模型 42 的变形形态

工况一下加劲肋厚度 10mm、端板厚度 10mm 的模型的应力云图如图 3.17 所示，即模型 6 的变形形态，结果分析中仅受拉侧锚栓附近的部分混凝土达到了极限拉应变，主要是受拉侧锚栓最先达到极限强度而破坏。

工况四下加劲肋厚度 10mm、端板厚度 10mm 的模型的应力云图如图 3.18 所示，即模型 42 的变形形态，结果分析中受压侧局部混凝土达到了极限抗压强度，受压与受拉侧加劲肋顶部钢材发生鼓曲，主要是钢管大面积达到极限强度而破坏。

图 3.19 描绘的为不同端板厚度下锚栓直径对承载力的影响。如图 3.19（a）所示，端板厚度为 5mm，当螺栓直径为 10mm、12mm 时，柱脚节点承载力变化相对较小，当螺栓直径达到 14mm、16mm 时，承载力呈线性增长趋势，无加劲肋承载力分别提高 4.66%、9.62%，加劲肋 5mm 时承载力分别提高 6.53%、11.97%，加劲肋 10mm 时承载力分别提高 7.60%、13.16%。如图 3.19（b）所示，端板厚度 10mm，柱脚节点承载力随螺栓直径的增大呈线性增长趋势，无劲肋承载力分别提高 20.35%、40.17%、57.02%，加劲肋 5mm 时承载力分别提高 20.43%、43.38%、62.25%，加劲肋 10mm 时承载力分别提高 21.74%、43.92%、62.22%。如图 3.19（c），端板厚度 15mm，无加劲肋且螺栓直径为 10mm、12mm、14mm 时节点承载力近似呈线性变化，分别提高 30.39%、43.17%，直径达到 16mm 时，承载力与 14mm 时基本相同。加劲肋 5mm 时承载力分别提高 34.53%、71.96%、78.91%，加劲肋 10mm 时承载力分别提高

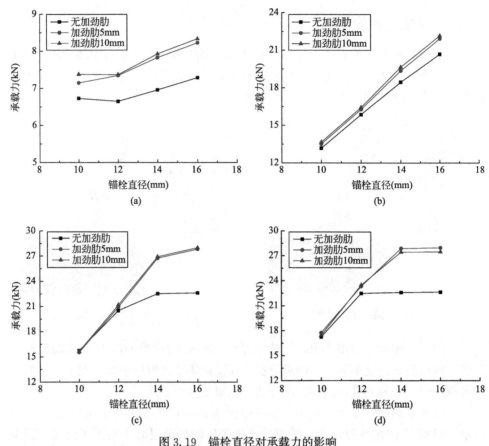

图 3.19　锚栓直径对承载力的影响

（a）端板厚度 5mm；（b）端板厚度 10mm；（c）端板厚度 15mm；（d）端板厚度 20mm

35.34％、71.88％、78.85％。如图 3.19（d）所示，端板厚度 20mm，无加劲肋
且螺栓直径为 10mm、12mm 时，节点承载力明显提高，达到了 30.38％。直径
达到 14mm、16mm 时，承载力相比 12mm 时基本无变化。加劲肋 5mm 且螺栓
直径为 10mm、12mm、14mm 时，节点承载力呈线性变化，分别提高 31.42％、
57.04％，直径达到 16mm 时，承载力相比 14mm 时基本无变化。加劲肋 10mm
且螺栓直径为 10mm、12mm、14mm 时，节点承载力呈线性变化，分别提高
34.61％、57.31％，直径达到 16mm 时，承载力相比 14mm 时基本无变化。

3.7.2　加劲肋的影响

为了研究对比锚栓直径对柱脚节点受力性能的影响，保持端板厚度不变，对
比了部分工况下模型的变形破坏形态及承载力变化。同为工况三下有无加劲肋模
型的应力云图如图 3.20、图 3.21 所示。

工况三下有加劲肋加劲肋厚度 10mm、端板厚度 10mm 模型的应力云图如图 3.20 所示,即模型 30 的变形形态,结果分析中受拉侧锚栓附近的部分混凝土达到了极限拉应变,受压侧混凝土局部达到极限抗压强度,主要是受压侧加劲肋上部钢管向内凹陷最先达到极限强度而破坏。

工况三下无加劲肋、端板厚度 10mm 的模型的应力云图如图 3.21 所示,即模型 28 的变形形态,结果分析中受拉侧锚栓附近的部分混凝土达到了极限拉应变,受压侧混凝土未达到极限抗压强度,主要是受压侧钢管与端板连接处上部向内凹陷,钢管拐角处最先到达极限强度而破坏。

图 3.20　模型 30 的变形形态　　　　图 3.21　模型 28 的变形形态

图 3.22 为加劲肋对承载力的影响图。当端板厚度 5mm,螺栓直径为 10mm 时,如图 3.22(a)所示,随着加劲肋的变化,节点承载力近似呈线性变化,但承载力变化不大,分别提高 6.24%、3.20%。当螺栓直径为 12mm、14mm、16mm 时,加劲肋从无到厚度 5mm 时,节点承载力分别提高 10.53%、12.50%、12.89%,加劲肋厚度达到 10mm 时,节点承载力相比加劲肋厚度 5mm 时基本无变化。当端板厚度 10mm,螺栓直径为 12mm、14mm、16mm 时,如图 3.22(b)所示,有无加劲肋承载力基本无变化。端板厚度 15mm,螺栓直径为 10mm、12mm 时,如图 3.22(c)所示,有无加劲肋承载力基本无变化;当螺栓直径达到 14mm、16mm 时,加劲肋厚度达到 5mm 节点承载力分别提高 18.74%、23.04%,但加劲肋厚度达到 10mm 时的节点承载力与 5mm 时基本相同。当端板厚度 20mm,螺栓直径为 10mm、12mm 时,如图 3.22(d)所示,有无加劲肋承载力基本无变化;当螺栓直径达到 14mm、16mm 时,加劲肋厚度达到 5mm 节点承载力分别提高 23.35%、23.50%,但加劲肋厚度达到 10mm 时的节点承载力与 5mm 时相比略微下降,但变化不大。

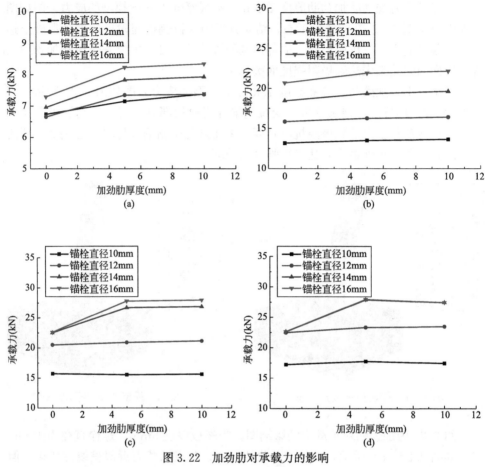

图 3.22　加劲肋对承载力的影响

（a）端板厚度 5mm；（b）端板厚度 10mm；（c）端板厚度 15mm；（d）端板厚度 20mm

3.7.3　端板的影响

为了研究对比锚栓直径对柱脚节点受力性能的影响，保持锚栓直径不变，对比了部分工况下模型的变形破坏形态及承载力变化。

工况四下加劲肋厚度 10mm、端板厚度 5mm 的模型的应力云图如图 3.23 所示，即模型 39 的变形形态，结果分析中受拉侧锚栓附近的部分混凝土达到了极限拉应变，受压侧混凝土未达到极限抗压强度，主要是受拉侧端板向上翘起，加劲肋与端板连接处的端板最先达到极限强度而破坏。

工况四下加劲肋厚度 10mm、端板厚度 10mm 的应力云图如图 3.24 所示，即模型 48 的变形形态，结果分析中受拉侧锚栓附近的部分混凝土达到了极限拉应变，受压侧混凝土未达到极限抗压强度，主要是受压侧及另两侧钢管在加劲肋顶部发生鼓曲，钢管拐角处及受拉侧钢管大面积达到极限强度而破坏。

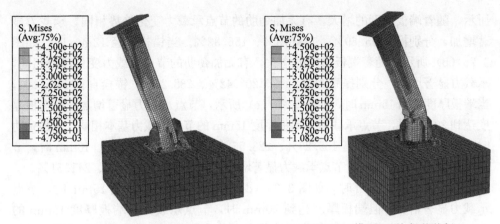

图 3.23　模型 39 的变形形态　　　　图 3.24　模型 48 的变形形态

图 3.25 为端板对承载力的影响图。当锚栓直径 10mm 时，如图 3.25（a）

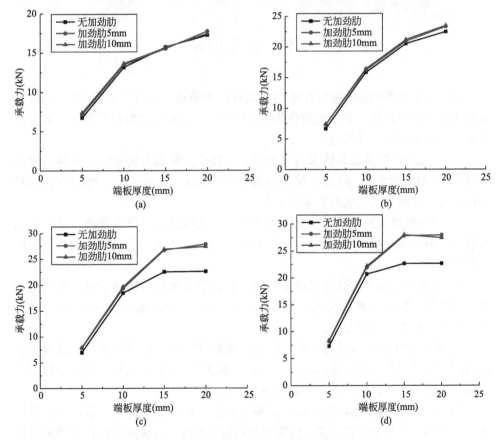

图 3.25　端板对承载力的影响
（a）锚栓直径 10mm；（b）锚栓直径 12mm；（c）锚栓直径 14mm；（d）锚栓直径 16mm

所示，随着端板厚度的增大，有无加劲肋的节点承载力变化趋势相同，承载力显著增加，分别提高 95.69%、133.73%、156.32%。当锚栓直径 12mm 时，如图 3.25（b）所示，随着端板厚度的增大，有无加劲肋的节点承载力变化趋势相同，承载力显著增加，分别提高 138.35%、208.42%、238.20%。锚栓直径 14mm 时，当端板厚度达到 15mm 时，如图 3.25（c）所示，节点承载力显著增加，但端板厚度达到 20mm 时，节点承载力与端板厚度 15mm 的节点承载力基本相同，无加劲肋时，节点承载力分别提高 165.23%、223.56%；加劲肋厚度 5mm、10mm 时，节点承载力变化趋势相同，节点承载力显著增加，分别提高 147.38%、241.51%。

当锚栓直径 16mm 时，如图 3.25（d）所示，端板厚度达到 15mm 时，节点承载力显著增加，但端板厚度达到 20mm 时，节点承载力与端板厚度 15mm 的节点承载力基本相同，无加劲肋时，节点承载力分别提高 183.68%、210.15%；加劲肋厚度 5mm、10mm 时，节点承载力变化趋势相同，节点承载力显著增加，分别提高 165.71%、235.61%。

3.8 本章小结

本章主要根据钢结构临时作业棚的实际柱脚节点，进行了有限元模拟分析，分别考察了锚栓直径、有无加劲肋及加劲肋厚度、端板厚度对柱脚节点承载力的影响，并得出以下主要结论：

1）当端板厚度及加劲肋保持不变时，柱脚节点承载力随着锚栓直径的增加出现不同程度的增大。但是当端板厚度达到 15mm、20mm，且螺栓直径达到 14mm 时，柱脚节点承载力基本无变化。

2）当端板厚度及锚栓直径保持不变时，有无加劲肋对节点承载力的影响相对较小。但是当端板厚度达到 15mm、20mm 时，有无加劲肋对节点承载力的作用较为明显。

3）当锚栓直径和加劲肋保持不变时，柱脚节点承载力随着端板厚度的增大而显著增加。但是当螺栓直径达到 14mm、16mm，且端板厚度达到 15mm 时，柱脚节点承载力基本无变化。

4）在柱脚节点的破坏形式中，混凝土受拉受压区会出现局部达到极限强度的情况，但是对承载力的影响不大；大部分体现为螺栓受拉破坏、端板受拉鼓曲破坏、方钢管受压凹陷、受拉鼓曲破坏等。

5）在工况二加劲肋厚度 10mm、端板厚度 10mm 的构造下，节点可承受弯矩大于柱脚节点处的理论计算，说明该节点构造合理，可满足临时作业棚的设计使用要求。

第**4**章

钢结构临时作业棚静力性能有限元分析

本书开发的新型钢结构临时作业棚，其结构类似于轻型门式钢架，由于质量轻、刚度小、阻尼低等原因，在强风雪的作用下容易产生破坏。因此，轻型结构的抗风雪性能及安全性问题一直是研究者所关注的问题。本章将通过 ABAQUS 建立三维整体结构模型，对钢结构临时作业棚进行有限元模拟分析，分别考虑了水平纵横向风荷载、雪荷载及风雪荷载组合效应对结构的影响。

4.1 结构有限元模型的建立

4.1.1 材料本构关系

本模型采用简化后的体系模型，模型中钢构件均采用 Q235-B 冷弯薄壁型钢，本构关系为二折线弹塑性强化模型，材料性能参数如表 4.1 所示。由于在静荷载作用下，主要研究对象是以钢结构的变形为主，结构顶部防护层木材仅考虑弹性性能，后续的静力分析中不对木材的受力进行分析，其杨木 LVL 弹性工程常数的设置相关参数如表 4.2 所示。

钢材性能参数 表 4.1

杨氏模量	泊松比	屈服强度	极限强度	密度
206GPa	0.3	235MPa	450MPa	7800kg/m³

木材性能参数 表 4.2

弹性模量		剪切模量		泊松比		密度
E_L	12600MPa	G_{LR}	945MPa	V_{LR}	0.3	
E_R	12600MPa	G_{RT}	227MPa	V_{RT}	0.3	480kg/m³
E_T	630MPa	G_{LT}	756 MPa	V_{LT}	0.5	

注：E_L、E_R、E_T 别为 L、R、T 方向弹性模量；G_{LR}、G_{RT}、G_{LT} 分别为 L-R、R-T、L-T 平面内剪切模量；V_{LR}、V_{RT}、V_{LT} 为泊松比。

4.1.2 施加约束及加载方式

为简化结构的整体建模，模型中防护层木材与横向空腹式桁架之间的接触定义为摩擦，摩擦系数 0.3，其余所有钢结构构件之间均采用 tie 约束，方钢管立柱采用固接。对于雪荷载，在防护层施加方向向下的均布荷载；对于风荷载，经计算等效为均布荷载，施加于临时作业棚的受风接触面上。

4.1.3 网格划分及单元选取

由于体系中钢构件数量较多，尺寸较大，为节约计算成本，模型的构件类型均采用壳单元，网格单元类型采用 S4R 建模。为保证分析结果更加精确，对接触连接部位的网格进行细化。

4.1.4 两种不同形式的临时作业棚的有限元模型

根据前几节介绍的单元类型、边界条件、荷载施加方式，输入材料的性能参数建立了临时作业棚在雪荷载作用下的有限元模型及风荷载下结构上部的局部体型系数模型，分别如图 4.1、图 4.2 所示。

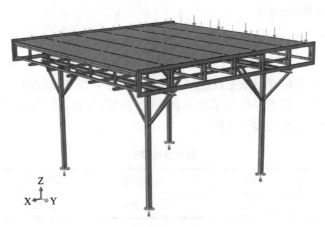

图 4.1 雪荷载下结构有限元模型

T 形钢结构临时作业棚有限元模型如图 4.3 所示，T 形钢结构临时作业棚静力性能有限元分析模型的组成部分包括立柱、柱底连接板、柱底加劲肋、柱顶连接板、横梁、斜撑、下层檩条、横向框架、纵向框架、上层檩条及防护木材。其中横梁、横向框架、纵向框架、上层檩条、下层檩条与斜撑采用 S4R 壳单元建模；立柱、柱顶连接板、柱底连接板、柱底加劲肋和防护木材均采用 C3D8R 实体建模。

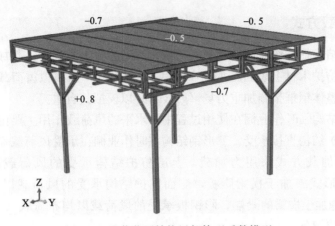

图4.2 风荷载下结构局部体型系数模型

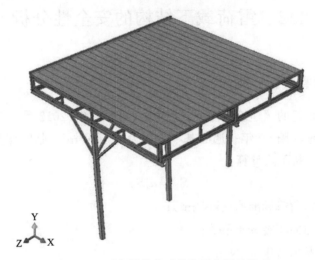

图4.3 T形钢结构临时作业棚有限元模型

4.1.5 接触关系与边界条件

在有限元模型建立过程中，防护木材与上层檩条，横向框架与下层檩条采用面与面接触（Surface-to-surface contact），其中法向采用硬接触（Hard-Contact），切向采用库仑摩擦（Penalty），摩擦系数为0.3；立柱与横梁、横梁与下层檩条、横梁与纵向框架、横向框架与连接板、纵向框架与连接板、加劲肋与立柱、加劲肋与柱底连接板、立柱与柱底连接板均采用绑定（tie）约束。T形钢结构临时作业棚立柱底端采用固接，故在立柱底端施加三个方向线位移约束（U_1、U_2、U_3）和转动约束（UR_1、UR_2、UR_3）。

4.1.6 加载方式

T形钢结构临时作业棚在承受雪荷载作用时的有限元模型，其加载方式采用力加载，在防护木材上表面施加均布荷载（pressure）来模拟雪荷载和防护木材自重，并对整体钢框架施加重力场（gravity）以模拟其自重。

T形钢结构临时作业棚在使用过程中，水平的风荷载作用主要由上部防护结构与侧面围护结构直接承受。T形钢结构临时作业棚在承受风荷载作用时，其有限元模型的加载方式采用力加载，上层防护结构承受的风荷载以均布荷载（pressure）形式施加于横梁腹板，侧面围护结构承受的风荷载以"shell edge load"形式施加于横梁的梁端，彩钢板承受的风荷载以均布荷载（pressure）形式施加于下层檩条。

4.2 雪荷载下结构的安全性分析

4.2.1 结构雪荷载计算

根据国家现行的《建筑结构荷载规范》GB 50009—2012[103]，考虑钢结构临时作业棚所在地沈阳 50 年一遇的基本雪压为 $0.5kN/m^2$，临时作业棚顶面上的雪荷载标准值，按下式计算：

$$S_k = \mu_r S_0 \tag{4.1}$$

式中　　S_k——雪荷载标准值（kN/m^2）；

μ_r——屋面积雪分布系数；

S_0——基本雪压（kN/m^2）。

屋面积雪分布系数根据不同类别的屋面形式选用，本钢结构临时作业棚顶面类别同平屋面类似，规范中规定：当单跨单坡屋面的坡度小于 25°时，μ_r 取 1，本书中 μ_r 取 1，采用雪荷载均匀分布的情况。

4.2.2 荷载组合

钢结构临时作业棚采用正常使用极限状态下的荷载组合如下：

屋面雪荷载作为第一可变荷载：1.0×永久荷载标准值＋屋面可变荷载标准值；其中，屋面可变荷载取雪荷载标准值计算，其值为 $0.5kN/m^2$。永久荷载标准值包括钢结构构件与木板的自重。根据第 2 章构件统计，永久荷载标准值为 $0.55kN/m^2$。即荷载组合效应下的均布荷载可设置为 $1.05kN/m^2$。

4.2.3　双排柱钢结构临时作业棚雪荷载作用下有限元结果分析

在充分考虑雪荷载及其自重的条件下结构的有限元分析，分别提取了钢结构临时作业棚的 Mises 应力云图、X 和 Y 方向的侧向位移云图、Z 方向的竖向位移云图，如图 4.4～图 4.7 所示。

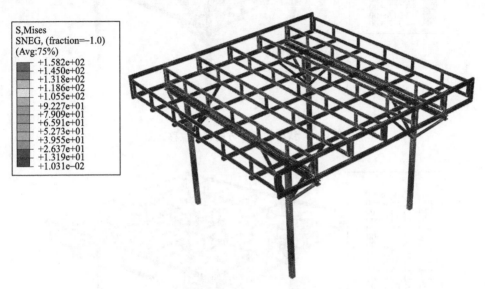

图 4.4　雪荷载下结构 Mises 应力云图

图 4.5　雪荷载下 X 方向结构位移云图

图 4.4 为雪荷载作用下结构的应力云图，由图可知，结构中构件的最大

图 4.6　雪荷载下 Y 方向结构位移云图

图 4.7　雪荷载下 Z 方向结构位移云图

Mise 应力为 158.2MPa，未达到构件的屈服强度，强度满足使用要求。

图 4.5、图 4.6 为雪荷载作用下结构在 X、Y 方向上的位移云图，由图可知，结构中的最大侧向位移分别出现在外侧的两个横向空腹式桁架、柱高 2m 处的支撑位置，其最大值分别为 3.32mm、4.78mm。

图 4.7 为雪荷载作用下 Z 方向的结构位移云图，由图可知，结构中双拼梁最大竖向位移为 6.05mm，纵向空腹式桁架的最大位移为 10.73mm，横向空腹式桁架的最大位移为 22.72mm。结合《施工现场临时建筑物技术规范》JGJ/T 188—2009[104] 与《门式刚架轻型房屋钢结构技术规范》GB/T 51022—2015[105]，取柱顶允许位移为 $L/60$（L 为柱高度），屋面梁及桁架允许竖向挠度为 $L/200$（L 代表受弯构件跨度），允许水平挠度为 $L/150$，分析可知，雪荷载作用下主要

以竖向变形为主，经验算均在规范限值内，满足使用要求。

4.2.4 T形钢结构临时作业棚雪荷载作用下有限元结果分析

T形钢结构临时作业棚在承受雪荷载时，上层檩条Y轴方向位移云图如图4.8所示。上部结构的雪荷载以及自重传递到上层檩条上，平均分配给上层檩条，上层檩条相对刚度较小，因此构件中上层檩条的竖向位移较大；由于结构采用中间立柱的形式，上部防护结构的自重分配到横梁上，横梁相当于悬臂梁，在靠近梁端的区域其纵向位移较大，故与其梁端区域相连的上部防护结构纵向位移也较大，因此在荷载导致的挠度与横梁变形的共同作用下，两侧梁端上部的上层檩条即檩条1及檩条7的竖向位移最大，值为13.85mm，达到了整个结构最大竖向位移。查规范可知，受弯构件挠度限值为$L/200$，L为受弯构件长度，故上层檩条挠度限值为30mm，构件满足挠度限值要求。

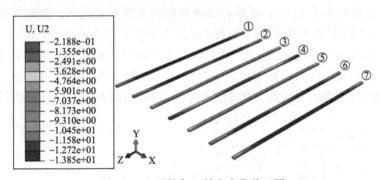

图4.8 上层檩条y轴方向位移云图

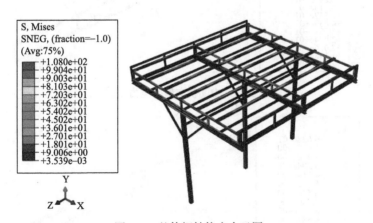

图4.9 整体钢结构应力云图

T形钢结构临时作业棚整体钢结构在雪荷载作用下的应力云图如图4.9所示，T形钢结构临时作业棚在承受雪荷载时，纵向荷载由脚手板向下传递，平均传递给 7 根上层檩条，通过上层檩条分配给三个横向框架，由于中间横向框架的荷载由上层檩条的跨中传递，由力学计算可知，中间的横向框架分担的纵向荷载为两侧横向框架的 2 倍，因此结构的最大应力均出现在中间横向框架上，值为 108.0MPa。

图 4.10 为中间横向框架的 Mises 应力云图；图 4.11 为中间横向框架的竖向位移云图，为方便观察形变，取其变形系数为 10。在图 4.10 的应力云图中标出应力较大的区域，编号为①～⑤；同时对腹杆进行编号。中间框架承担来自上层檩条的荷载作用，按照结构力学求解器力学模型计算结果可知腹杆 2 以及腹杆 4 分担的纵向荷载较大，在腹杆框架连接节点处的应力相对较大，因此应力较大区域出现在腹杆 2 以及腹杆 4 与框架相连接的节点处，即区域①、③、④、⑤应力较大。从图 4.10 的位移云图可看出，腹杆 1 与腹杆 5 位置沿 y 轴方向的竖向位移较大，可达到 12.6mm；腹杆 2 与腹杆 4 的竖向位移达到 6～7mm，而腹杆 1 位置的竖向位移小于 1mm，可以看出横向框架出现弯曲变形，而弯矩最大位置为②区域。由于②区域附近的变形较小，从而承受了较大的弯矩，所以②区域应力最大，值为 108.0MPa。可以得出结论：T 形钢结构临时作业棚整体结构中最大应力未达到屈服应力，且未达到钢材设计用强度指标的强度设计值 215MPa，因此 T 形钢结构临时作业棚整体钢框架结构在雪荷载的作用下满足强度要求。

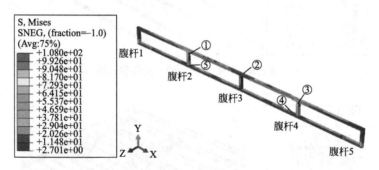

图 4.10　中间横向框架应力云图

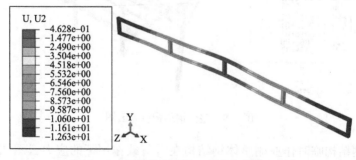

图 4.11　中间横向框架 y 轴方向位移云图

4.3 风荷载下结构的安全性分析

4.3.1 结构风荷载计算

国内在进行一般房屋建筑设计时，风荷载标准值与基本风压均取自国家现行的《建筑结构荷载规范》GB 50009—2012[103]，规范中在计算围护结构时，其标准值 w_k 按下式计算：

$$w_k = \beta_{gz}\mu_{s1}\mu_z w_0 \tag{4.2}$$

式中　β_{gz}——高度 z 处的阵风系数；

　　　μ_{s1}——风荷载局部体型系数；

　　　μ_z——风压高度变化系数；

　　　w_0——基本风压（kN/m²）。

其中基本风压应采用规范规定的方法确定的沈阳地区 50 年重现期的风压，但不得小于 0.3kN/m²，本文取沈阳所在地基本风压 w_0 为 0.55kN/m²。地面粗糙类别 C 类 μ_z 取 0.65，β_{gz} 取 2.05，μ_{s1} 分别按照 4.2.4 节图 4.2 中各实际受风面风压力、风吸力的体型系数取值。结构受风面主要集中在柱顶上方围护结构、立柱、横梁受风面积较小以及结构顶部防护层铺设的木板，两者暂时不作考虑风荷载的作用，最后将风荷载等效为均布荷载按照风压力、风吸力施加于檩条与上方围护结构。

4.3.2 双排柱形临时作业棚风荷载作用下有限元结果分析

考虑纵向风荷载作用下结构的有限元分析，分别提取了钢结构临时作业棚的纵风荷载作用下的 Mises 应力云图、X 方向的侧向位移云图、Z 方向的竖向位移云图，如图 4.12～图 4.14 所示。

图 4.12 为在纵向风荷载作用下结构 Miss 应力云图，由图可知，结构中构件的最大 Mises 应力分别为 39.61MPa，主要出现在柱脚、梁柱、斜撑节点连接处，构件均满足强度使用要求。图 4.13、图 4.14 分别为纵风作用下结构在 X、Z 方向上的位移云图。由图可知，结构 X、Z 方向的最大位移分别为 6.85mm、2.82mm，分别出现在柱顶及以上防护层结构、最外两侧支撑与檩条的连接处。

考虑横向风荷载作用下结构的有限元分析，分别提取了钢结构临时作业棚的横风荷载作用下的 Mises 应力云图、Y 方向的侧向位移云图、Z 方向的竖向位移云图，如图 4.15～图 4.17 所示。

图 4.15 为在横向风荷载作用下，结构的 Miss 应力云图。由图可知，结构中

图 4.12　纵向风荷载下结构 Mises 应力云图

图 4.13　纵向风荷载下 X 方向结构位移云图

构件的最大 Mises 应力为 17.30MPa，主要出现在柱脚、梁柱、斜撑节点连接处，构件均满足强度使用要求。

图 4.16、图 4.17 分别为横向风荷载作用下 Y、Z 方向上的结构位移云图。由图可知，结构 Y、Z 方向的最大位移分别为 2.47mm、5.41mm，分别出现在柱顶及以上防护层结构、两侧的纵向空腹式桁架。经验算均在规范限值内，满足使用要求。

通过纵横向风荷载的分析可知，结构横向刚度要高于纵向刚度，风荷载作用下的竖向位移主要出现在支撑连接部位，水平位移主要出现在柱顶及以上防护层

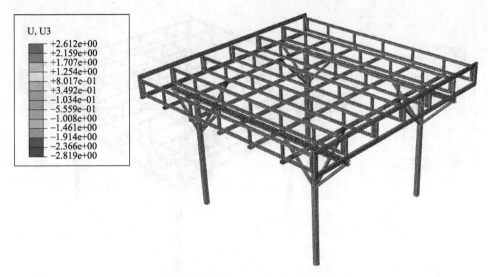

图4.14 纵向风荷载下 Z 方向结构位移云图

图4.15 横向风荷载下结构 Mises 应力云图

结构，与受风面垂直的另一方向的水平位移几乎为 0，不作为主要分析对象。

4.3.3 T形钢结构临时作业棚风荷载作用下有限元结果分析

通过分别在 x 轴方向及 z 轴方向对有限元模型施加水平力来模拟 T 形钢结构临时作业棚承受 x 轴方向及 z 轴方向水平风荷载，在模型的上部防护结构施加通过规范中给出的体型系数计算得到的风荷载，然后分别对 x 轴方向及 z 轴方向风荷载作用下 T 形钢结构临时作业棚有限元模型的应力分布云图以及位移云图

图 4.16　横向风荷载下 Y 方向结构位移云图

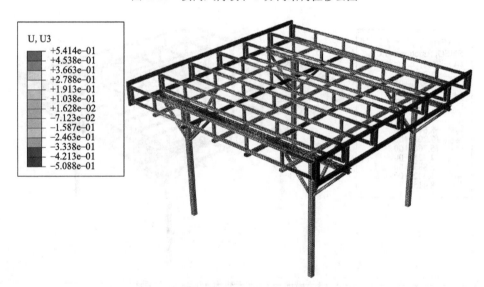

图 4.17　横向风荷载下 Z 方向结构位移云图

进行分析，如图 4.18～图 4.23 所示。

　　在 x 轴方向的风荷载作用下，T 形钢结构临时作业棚整体钢结构应力云图如图 4.18 所示。此时主要由临时作业棚的立柱承担水平风荷载，每根立柱独立承担其对应区域的风荷载作用。

　　T 形钢结构临时作业棚在 x 轴方向的风荷载作用下，其中间一榀框架承担的风荷载作用最大，故取中间一榀框架的应力分布云图进行分析，中间一榀框架应力云图如图 4.19 所示。

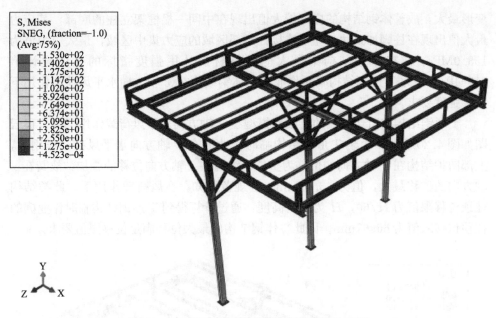

图 4.18 x 轴水平风荷载整体钢结构应力云图

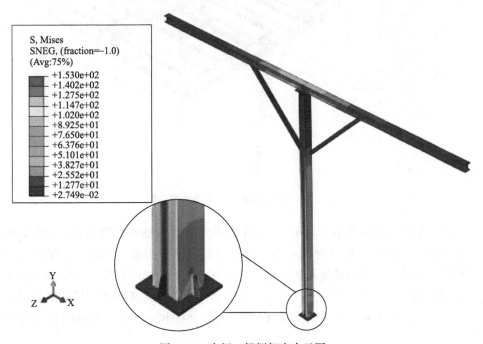

图 4.19 中间一榀框架应力云图

在水平风荷载作用下，上部防护结构承受水平风荷载作用力的直接作用，一榀框架中立柱处于一端固定一端自由的受弯状态，其固定端承受的弯矩以及弯曲变形最大，故整体钢结构的应力较大值出现在中间一榀框架立柱的底部，其应力最大值出现在柱脚加劲肋与立柱连接处局部区域的应力集中区域，最大应力值为153.0MPa，故整体钢结构中最大应力钢材设计用强度指标的强度设计值215MPa，因此T形钢结构临时作业棚整体钢结构在 x 轴方向水平风荷载作用下满足强度要求。

　　T形钢结构临时作业棚的有限元模型在 x 轴方向水平风荷载作用下的位移云图如图4.20所示。由于T形钢结构临时作业棚在 x 轴方向水平风荷载作用下，上部防护结构在 x 轴方向的位移为整体钢结构在 x 轴方向位移的叠加，故其在 x 轴方向的位移最大，值为58.47mm。查规范可知，在风荷载作用下，此类结构柱顶位移限值为 $H/60$，H 为柱的高度，通过计算得到T形钢结构临时作业棚的柱顶位移限值为66.67mm。因此整体钢结构的最大位移满足位移限值要求。

图4.20　整体钢结构 x 方向位移云图

　　在 z 轴方向的风荷载作用下，T形钢结构临时作业棚整体结构应力云图如图4.21所示。此时主要由临时作业棚的3根立柱共同分担水平风荷载，每根立柱的柱脚都承受水平风荷载作用的1/3；同时由 y-o-z 平面内斜撑与下层檩条传递水平风荷载作用，且与立柱连接的 y-o-z 平面内斜撑可提高整体钢结构整体稳定性，故应力较大区域出现在立柱的柱脚区域与立柱和 y-o-z 平面内斜撑的连接区域。

　　T形钢结构临时作业棚在 z 轴方向的水平风荷载作用下其下部框架应力云图如图4.22所示，从图中可以看出整体钢结构的最大应力出现在 y-o-z 平面内斜撑底部与立柱连接的位置，整体钢结构的应力最大值为121.6MPa，故整体钢结

图 4.21　z 轴水平风荷载整体钢结构应力云图

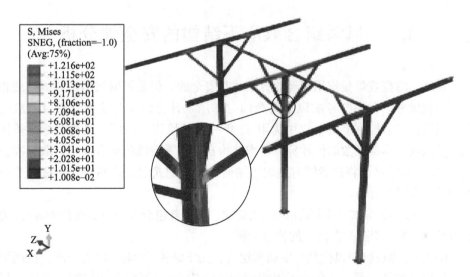

图 4.22　下部框架应力云图

构中最大应力钢材设计用强度指标的强度设计值 215MPa，因此 T 形钢结构临时作业棚整体钢结构在 z 轴方向水平风荷载作用下满足强度要求。

　　T 形钢结构临时作业棚在 z 轴方向风荷载作用下整体钢结构在 z 轴方向的位移云图如图 4.23 所示，由于临时作业棚的上部防护结构在 z 轴方向的位移值为

下部结构在 z 轴方向位移的叠加，故其在 z 轴方向的位移最大，值为 25.21mm，因此整体钢结构的最大位移满足位移限值要求。

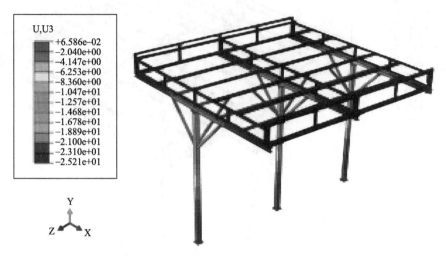

图 4.23   整体钢结构 z 轴方向位移云图

4.4   风雪组合效应下结构的安全性分析

在风、雪荷载单独作用下经验算结构是安全的，但是轻钢结构对风雪荷载相对都比较敏感，有必要考虑风雪荷载同时作用下计算结构的受力状态及承载能力。因此，本节根据上两节取用沈阳 50 年一遇的风压、雪压，风荷载标准值按照各受风面的体型系数取值计算，考虑结构自重与雪荷载的组合效应，取标准值 S_k 为 $1.05kN/m^2$。将两者同时施加于结构，对装配式钢结构临时作业棚的受力性能进行有限元分析。

图 4.24～图 4.27 分别为在纵向风荷载、雪荷载组合作用下结构的 Miss 应力云图及 X、Y、Z 三个方向上的位移云图。

图 4.24 为在纵向风荷载与雪荷载组合作用下结构的 Miss 应力云图，由图可知，结构中构件的最大 Mises 应力为 158.50MPa，主要出现在柱脚、梁柱、斜撑、纵横向空腹式桁架节点连接处，未达到构件的屈服强度，强度满足使用要求。

图 4.25、图 4.26、图 4.27 分别为结构在 X、Y、Z 三个方向上的位移云图。由图可知结构 X、Y、Z 三个方向最大位移分别为 8.96mm、4.75mm、22.71mm，主要出现在斜撑节点、柱顶及以上防护层结构。经验算均在规范限

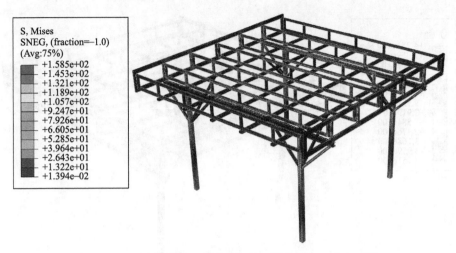

图 4.24　纵向风荷载、雪荷载组合下结构 Mises 应力云图

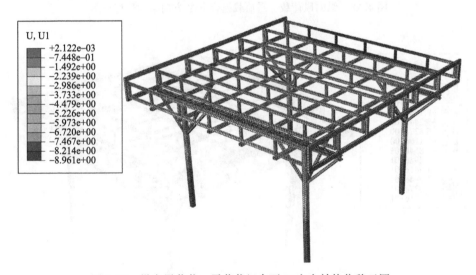

图 4.25　纵向风荷载、雪荷载组合下 X 方向结构位移云图

值内，满足使用要求。

　　由图 4.28 可知，结构中构件的最大 Mises 应力分别为 166.80MPa，主要出现在柱脚、梁柱、斜撑节点连接处，未达到构件的屈服强度，强度满足使用要求。

　　由图 4.29～图 4.31 可知，在横向风荷载、雪荷载组合作用下，结构 X、Y、Z 三个方向最大位移分别为 3.15mm、6.58mm、22.69mm。由于最外两侧横向空腹式桁架刚度相对薄弱，受到外载作用后，会出现向外凸出的现象，因此 X

图4.26 纵向风荷载、雪荷载组合下Y方向结构位移云图

图4.27 纵向风荷载、雪荷载组合下Z方向结构位移云图

方向结构最大位移主要出现在最外侧的横向空腹式桁架处；Y方向最大位移主要出现在迎风面的柱与斜撑节点的连接处，背风面节点处位移仅为2.98mm；Z方向最大位移主要出现在中部横向空腹式桁架处，并由中部向两侧依次减小。经验算均在规范限值内，满足使用要求。

综合对比结构在雪荷载、风荷载及两者共同作用下的应力及变形发现，结构

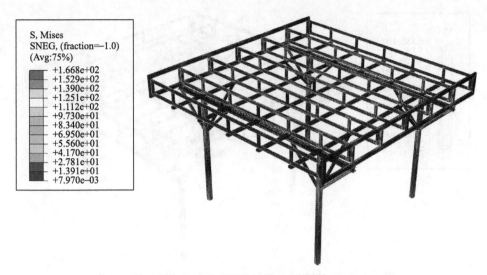

图 4.28　横向风荷载、雪荷载组合下结构 Mises 应力云图

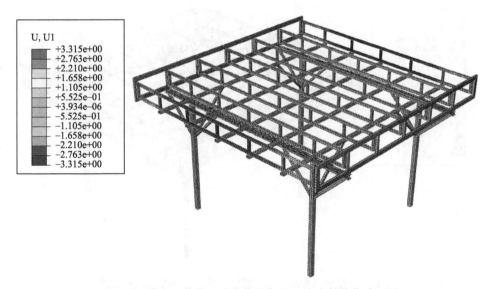

图 4.29　横向风荷载、雪荷载组合下 X 方向结构位移云图

的最大 Mises 均出现在节点连接处。雪荷载对结构的影响较为明显，在雪荷载及组合荷载作用下，结构的变形主要以竖向变现为主，主要出现在双拼梁中部及防护层结构中部的横向空腹式桁架处；在风荷载作用下，结构整体变形都相对较小，主要出现在柱顶及其以上部防护层部位。

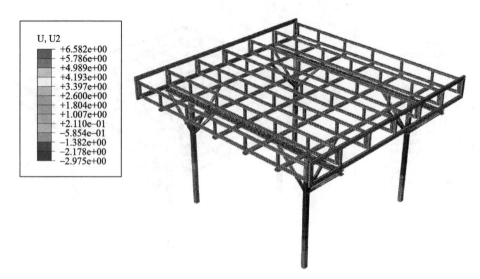

图 4.30　横向风荷载、雪荷载组合下 Y 方向结构位移云图

图 4.31　横向风荷载、雪荷载组合下 Z 方向结构位移云图

4.5　本章小结

　　本章主要以沈阳地区为例，采用 50 年一遇的风压、雪压，并对其荷载标准值及荷载组合效应标准值进行了数值计算，以此数据作为施加荷载，采用有限元

软件分析了两种不同形式的临时作业棚分别在纵横向风荷载、雪荷载以及风雪组合作用下的受力性能，并得出以下结论：

1）结构在单独承受风荷载时，结构的变形以柱顶及其以上部位的侧向变形为主；在单独受雪荷载作用时，变形主要以防护层的竖向变形为主，侧向位移较小。

2）在风雪荷载组合效应下，结构的变形仍以竖向变形为主，其结果与单独雪荷载作用下的数值相近，仅侧向位移有所增大。

3）在以上几种荷载的作用下，结构中各构件的应力、变形均在规范限制内，满足强度、刚度的使用要求，且具有一定的安全储备能力，为钢结构临时作业棚的安全使用提供可靠依据。

■ 第 **5** 章 ■

钢结构临时作业棚抗冲击性能有限元分析

目前，对建筑施工现场钢结构临时作业棚的抗冲击性能研究尚处于空白，钢结构临时作业棚上方设置防护层主要是为了防止高空坠物对作业工人造成直接伤害。因此，有必要对其抗冲击性能进行分析，保障工人安全。防护层主要由建筑方木或模板及钢结构构件组成，最上层的木材直接承受高空坠物的冲击作用，下方钢构件间接承受高空坠物的冲击作用。由于木材属于各向异性材料，其本构关系相对复杂，不能在 ABAQUS 中直接进行相关参数的设置。因此，本章基于以往学者的相关研究建立了可以反映木材正交各向异性弹性、抗拉和抗压强度不等、抗拉或抗剪时发生脆性破坏而受压时发生塑性变形等特性的本构关系模型，通过 Fortran 语言编辑器并结合 ABAQUS 用户材料手册自定义了木材子程序，实现了木材本构模型在 ABAQUS 的嵌入，以此分析研究了钢结构临时作业棚防护层木材在受到高空坠物冲击作用下的受力性能。同时，本章主要介绍了木材本构关系及实现过程，着重分析了高空坠物的质量、高度、大小、方木规格及布置形式对结构抗冲击性能的影响，为施工现场作业棚防护层的设置提供可靠依据。

5.1　木材本构关系模型及程序实现

本章将采用如图 5.1 所示的木材本构关系模型。由于木材属于各向异性材料，受拉或受剪时发生脆性破坏，而受压则发生延性破坏，同时各个方向的拉、压屈服强度也不相等。

图 5.1 中 X_t、X_c 是木材顺纹方向的抗拉、抗压屈服强度，Z_t、Z_c 分别是木材横纹切向的抗拉、抗压屈服强度，Y_t、Y_c 分别是木材横纹径向的抗拉、抗压屈服强度。S_{xy}、S_{yz}、S_{zx} 为木材 L-R、R-T 和 T-L 三个平面的抗剪强度；L、R、T 分别为木材的顺纹纵向、横纹径向、横纹切向。

5.1.1　弹性本构方程

在弹性阶段将材料属性为各向异性的木材简化成为正交各向异性，此时其应力-应变关系，亦即弹性阶段的本构方程如式（5.1）所示[106]。

$$\sigma = D \cdot \varepsilon \text{ 或 } \varepsilon = C \cdot \sigma \tag{5.1}$$

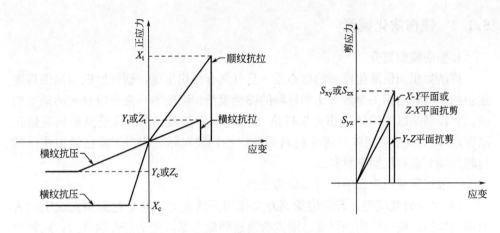

图 5.1　木材应力-应变曲线

式中　σ——应力矩阵；

　　　ε——应变矩阵；

　　　D——刚度矩阵；

　　　C——柔度矩阵。

其中 $\sigma = D \cdot \varepsilon$ 也可表达为另一种形式的应力应变关系[107]，如式（5.2）所示。

$$
\begin{bmatrix} \sigma_{11} \\ \sigma_{22} \\ \sigma_{33} \\ \sigma_{12} \\ \sigma_{13} \\ \sigma_{23} \end{bmatrix} = \begin{bmatrix} D_{11} & D_{12} & D_{13} & 0 & 0 & 0 \\ D_{12} & D_{22} & D_{23} & 0 & 0 & 0 \\ D_{13} & D_{23} & D_{33} & 0 & 0 & 0 \\ 0 & 0 & 0 & D_{44} & 0 & 0 \\ 0 & 0 & 0 & 0 & D_{55} & 0 \\ 0 & 0 & 0 & 0 & 0 & D_{66} \end{bmatrix} = \begin{bmatrix} \varepsilon_{11} \\ \varepsilon_{22} \\ \varepsilon_{33} \\ \varepsilon_{12} \\ \varepsilon_{13} \\ \varepsilon_{23} \end{bmatrix} \tag{5.2}
$$

式中，$D_{11} = E_1(1 - \nu_{23}\nu_{32})\gamma$，$D_{22} = E_2(1 - \nu_{13}\nu_{31})\gamma$，$D_{33} = E_3(1 - \nu_{12}\nu_{21})\gamma$，$D_{12} = E_1(\nu_{21} + \nu_{31}\nu_{23})\gamma$，$D_{13} = E_3(\nu_{13} + \nu_{12}\nu_{23})\gamma$，$D_{23} = E_2(\nu_{32} + \nu_{12}\nu_{31})\gamma$，$D_{44} = 2G_{12}$，$D_{55} = 2G_{13}$，$D_{66} = 2G_{23}$，$\gamma = (1 - \nu_{12}\nu_{21} - \nu_{23}\nu_{32} - \nu_{13}\nu_{31} - 2\nu_{21}\nu_{32}\nu_{13})^{-1}$，$E_1$、$E_2$ 和 E_3 分别为 L、R、T 三个方向的弹性模量；G_{12}、G_{13}、G_{23} 分别是木材 L-R、R-T 和 T-L 三个平面内的剪切模量；ν_{ij} 为木材泊松比；σ_{ij} 和 ε_{ij} 分别为木材的应力和应变分量。同时，弹性参数有如下关系：

$$E_1\nu_{21} = E_2\nu_{12} \tag{5.3}$$

$$E_1\nu_{31} = E_3\nu_{13} \tag{5.4}$$

$$E_2\nu_{32} = E_3\nu_{23} \tag{5.5}$$

可以看出正交各向异性弹性材料有 9 个独立材料参数。

5.1.2 损伤演化模型

1. 损伤模型简介

逐渐累积损伤演化模型的核心是一旦材料有损伤出现，则开始根据损伤程度逐步减小材料的相关参数（比如材料的弹性模量、强度等）来分析材料的动态响应。该模型是以连续体损伤力学理论（CDM）为基础，在材料受到损伤后修正刚度矩阵 D 或柔度矩阵 C 考虑材料的非线性，其实际上相当于将已经损伤后的材料性能参数替代原有材料。

一般逐渐累积损伤模型可以分为三种：

1）完全失效模型：若结构受到外力作用下的应力、应变达到预先设定的失效准则数值，则该结构的强度、刚度会迅速降低为零，完全丧失承载力，这种失效模型实际上低估了结构的承载能力。

2）部分失效模型：受到外力作用后，通过不同的失效模式对结构强度和刚度的变化进行控制。例如一旦木材顺纹纵向发生断裂失效，其顺纹方向的强度和刚度则迅速减小为零。同样的，木材横纹切向发生断裂失效，其横纹切向的强度和刚度则迅速减小为零。

3）损伤失效模型：使用连续损伤模型。其主要通过引入损伤变量来预测结构内部损伤的产生和演化，结构的刚度变化是一个逐渐下降的过程，直至减小为零，丧失承载力。

连续体损伤力学理论广泛应用于纤维复合材料，Lapczyk（2007）等[108] 提出了一种应用于纤维增强材料的损伤演化模型，其主要是通过等效位移来控制的。Linde（2004）等[109] 采用三维逐渐损伤模型研究了纤维层的破坏模式，并且提出了一种通过断裂能控制的损伤演化模型。

目前国内外也有不少学者通过连续体损伤力学理论对木材的力学性能进行有限元模拟分析。1999 年，Cofer 等[110] 对各向异性的损伤模型进行了初步研究；Sandhass（2012）[111] 提到在 2007 年美国联邦公路管理局的一项研究项目中，用损伤力学理论来考虑木材的脆性破坏，通过经典塑性流动理论来考虑木材的受压延性破坏；陈志勇（2011）[112] 在木结构的研究中也利用了损伤力学理论考虑木材的脆性破坏，利用经典塑性流动理论考虑木材的受压延性破坏；Sandhass（2011）等[113] 将木材的脆性破坏和延性破坏统一用损伤力学理论来考虑，但是两者的损伤演化模型却不相同，前者采用线性软化损伤模型，后者采用理想弹塑性损伤模型。

本章主要参考 Linde[109] 和 Sandhass[113] 的研究成果，根据陈志勇、祝恩淳等[114] 和李林峰[115] 提出的利用损伤变量对木材刚度进行折减，并以此为基础编写了木材 VUMAT 子程序。首先用 Yamada-Sun 屈服准则作为依据，进而判断木材受力后是否发生屈服，并以此准则为基础建立木材的逐渐累计损伤演化模型，综合考虑木材受外力作用后出现的不同破坏模式，参考 Sandhass 提出的用线性软化损伤模型考虑木材受力后的脆性破坏，用理想弹塑性考虑木材受力后的塑性破坏，同时木材的受损伤程度通过引入损伤变量来呈现，并通过损伤变量控制刚度矩阵的折减，其折减方法参考 Linde，并用折减刚度后的材料性能参数替代已经损伤的木材。

2. 屈服准则

木材属于各向异性材料，顺纹纵向、横纹切向、横纹径向的拉压屈服强度数值不等。只有采用合适的各向异性屈服准则才能更加准确的预测判断木材的破坏。因此，各国学者纷纷对此进行了科学研究。1947 年 Hill[116] 提出了 Hill 屈服准则，他把各向同性材料经常用到的 Von Mises 理论推广并应用到了各向异性材料中。1968 年 Tsai 和 Hill 合作提出了 Tsai-Hill 强度准则[117]，但是这两种准则均没有考虑材料的拉压强度不等的情况。Hoffman[118] 提出了 Hoffman 强度准则，该准则考虑了材料拉压强度不等的特点。1979 年 Logan 和 Hosford 针对各向异性材料的平面应力状态，提出了 Hosford 屈服准则[119]，该准则未考虑材料的剪应力分量。Hashin[120] 针对各向同性材料的破坏模式，提出了 Hashin 强度准则。Yamada 和 Sun 经过多年的研究分析，提出了 Yamada-Sun 屈服准则[121]。该准则认为正交各向异性材料在各个正应力轴向上的强度相互独立、互不影响，并且仅由该轴向上对应的一个正应力和两个剪应力确定其具体数值的大小，即 Yamada-Sun 屈服准则，如下式所示：

$$X \text{ 向：} F = \frac{\sigma_{11}^2}{X^2} + \frac{\sigma_{12}^2}{S_{xy}^2} + \frac{\sigma_{31}^2}{S_{zx}^2} \leqslant 1 \tag{5.6}$$

$$Y \text{ 向：} F = \frac{\sigma_{22}^2}{Y^2} + \frac{\sigma_{12}^2}{S_{xy}^2} + \frac{\sigma_{23}^2}{S_{yz}^2} \leqslant 1 \tag{5.7}$$

$$Z \text{ 向：} F = \frac{\sigma_{33}^2}{Z^2} + \frac{\sigma_{31}^2}{S_{zx}^2} + \frac{\sigma_{23}^2}{S_{yz}^2} \leqslant 1 \tag{5.8}$$

式中　　F——屈服函数；

X、Y、Z——分别表示三个正应力轴方向的拉压强度，根据 σ_{11}、σ_{22}、σ_{33} 的应力状态（拉应力或者压应力），选择相应的抗拉或者抗压强度；

S_{ij}——i-j 平面内材料的抗剪强度（i、j 分别代表 x、y、z）。

Yamada-Sun 屈服准则不仅考虑了多个应力分量的组合作用，还可区别材料的破坏模式。因此本章选用 Yamada-Sun 屈服准则用以判别木材受力后是否屈服，此时，式中 x、y、z 则分别代表木材的顺纹纵向（L）、横纹径向（R）、横纹切向（T）。

3. 损伤变量

如果屈服函数 F 的数值出现大于 1 的情况，木材则开始进入塑性损伤阶段。

本章木材本构关系受压延性破坏采用理想弹塑性模型，受拉脆性破坏采用线弹性模型[111]。木材进入损伤阶段后，通过引入木材三个方向的损伤变量 d_i 来表示木材的损伤程度。由于木材受到损伤后不会恢复，所以损伤变量的数值定义是随着木材的受损程度逐渐累加的。损伤变量 d_i 的大小位于 0 到 1 之间，当 d_i 等于 0 时，说明木材没有任何损伤，当 d_i 等于 1 时，说明木材完全损伤。

$$d_{\mathrm{L}} = \begin{cases} d_{\mathrm{L}}^{\mathrm{c}}, & \varepsilon_{11} < 0 \\ d_{\mathrm{L}}^{\mathrm{t}}, & \varepsilon_{11} \geqslant 0 \end{cases} \tag{5.9}$$

$$d_{\mathrm{R}} = \begin{cases} d_{\mathrm{R}}^{\mathrm{c}}, & \varepsilon_{22} < 0 \\ d_{\mathrm{R}}^{\mathrm{t}}, & \varepsilon_{22} \geqslant 0 \end{cases} \tag{5.10}$$

$$d_{\mathrm{T}} = \begin{cases} d_{\mathrm{T}}^{\mathrm{c}}, & \varepsilon_{33} < 0 \\ d_{\mathrm{T}}^{\mathrm{t}}, & \varepsilon_{33} \geqslant 0 \end{cases} \tag{5.11}$$

式中　d_{L}、d_{R}、d_{T}——分别代表木材顺纹纵向、横纹径向、横纹切向的损伤变量；

$d_{\mathrm{L}}^{\mathrm{c}}$、$d_{\mathrm{L}}^{\mathrm{t}}$——分别代表木材的顺纹受压方向和受拉方向的损伤变量；

$d_{\mathrm{R}}^{\mathrm{c}}$、$d_{\mathrm{R}}^{\mathrm{t}}$——分别代表木材横纹径向受压方向和受拉方向的损伤变量；

$d_{\mathrm{T}}^{\mathrm{c}}$、$d_{\mathrm{T}}^{\mathrm{t}}$——分别代表木材横纹切向受压方向和受拉方向的损伤变量；

ε_{11}、ε_{22}、ε_{33}——分别代表木材顺纹纵向、横纹径向和横纹切向的主应变。

为了定义损伤变量函数，需要引入随加载历程变化的状态变量 κ。当木材受到外荷载后没有出现损伤，则屈服函数满足：

$$F \leqslant 1 \tag{5.12}$$

上述公式也可以用状态变量 κ 来表示：

$$\varphi(F, \kappa) = F - \kappa \leqslant 0 \tag{5.13}$$

在加载时，根据第二 Kuhn-Tucker 条件可得：

$$\dot{\varphi} = \dot{F} - \dot{\kappa} = 0 \tag{5.14}$$

根据 Maimi（2006）[122]，上式可写为：

$$\kappa^t = \max\left\{1, \max_{\mathrm{incr}=0, t}\{F^{\mathrm{incr}}\}\right\} \tag{5.15}$$

状态变量 κ 是随着加载历程不断变化的，κ^t 代表每经过一个时间增量 t 时，该时刻的状态变量。在编写程序时，将每个时间增量 t 得到的 κ^t 都保存下来，及时更新该时刻的状态变量，$\max\limits_{\mathrm{incr}=0, t}\{F^{\mathrm{incr}}\}$ 代表在加载过程中 F 出现的最大值。从上式我们可以看出，κ 一直是大于等于 1 的，如果加载过程中木材出现损伤，κ

就会一直增加，进而导致损伤变量 d 一直增加并无限接近 1。下面将介绍东南大学李林峰[115] 基于 Sandhass[113] 的研究推导的两种损伤演化模型表达式。

1）延性损伤发展

$$d = 1 - \frac{1}{\kappa} \tag{5.16}$$

2）脆性损伤发展

$$d(\kappa) = 1 - \frac{1}{f_t^2 - 2g_f E} \left(f_t^2 - \frac{2g_f E}{\kappa} \right) \tag{5.17}$$

式中　f_t——受拉屈服强度；

　　　g_f——断裂能；

　　　E——弹性模量。

4. 刚度矩阵折减

木材开始出现损伤后，需要对损伤区域的单元进行刚度折减。本章主要参考了 Linde[109] 提出的刚度折减方案，折减后的应力-应变关系如下式所示：

$$\sigma = D_{damage} \epsilon \tag{5.18}$$

$$D_{damage} = \begin{bmatrix} \alpha D_{11} & \alpha\beta D_{12} & \alpha\gamma D_{13} & 0 & 0 & 0 \\ \alpha\beta D_{12} & \beta D_{22} & \beta\gamma D_{23} & 0 & 0 & 0 \\ \alpha\gamma D_{13} & \beta\gamma D_{23} & \gamma D_{33} & 0 & 0 & 0 \\ 0 & 0 & 0 & \alpha\beta D_{44} & 0 & 0 \\ 0 & 0 & 0 & 0 & \alpha\gamma D_{55} & 0 \\ 0 & 0 & 0 & 0 & 0 & \beta\gamma D_{66} \end{bmatrix} \tag{5.19}$$

式中，$\alpha = 1 - d_L$，$\beta = 1 - d_R$，$\gamma = 1 - d_T$。当木材未屈服时，$d_L = d_R = d_T = 0$，则该单元刚度矩阵同未损伤时弹性阶段的刚度矩阵一致。

5.2　ABAQUS 及用户材料子程序

5.2.1　ABAQUS/Explicit 准静态分析

ABAQUS 主要包含两个常用的分析模块 ABAQUS/Standad（通用分析模块）和 ABAQUS/Explicit（显示分析模块）。ABAQUS/Standad 多用于静力分析，而 ABAQUS/Explicit 多用于准静态分析，其分析必须要做到保持惯性力影响较小的前提下用最少的时间进行模拟，特别适合于模拟瞬态动力学，例如碰撞、冲切等，并能够高效地求解包括接触在内的非线性问题，使用方便，可靠性高。本章则采用 ABAQUS/Explicit 进行高空坠物冲击数值模拟。

5.2.2 用户材料子程序

ABAQUS 为用户提供了许多的单元库、材料本构模型等，可解决大多数问题，但也有 ABAQUS 不能直接进行求解的问题。而 ABAQUS 提供了用户子程序（User subroutines）二次开发平台，用户可根据实际需要自定义材料本构模型。通常用户子程序用 Fortran 编译器编写，方便检查语法错误，并通过 Vumat 作为程序接口关联软件。本子程序需要输入 21 个材料参数，定义 16 个状态变量，它们所代表的物理意义如表 5.1 所示。

VUMAT 材料常数　　　　　　　　　　　　　　　　　　表 5.1

参数编号	材料参数	物理性质	状态变量	变量意义
1	E_L	L 方向弹性模量	d_L	L 方向损伤变量
2	E_R	R 方向弹性模量	d_R	R 方向损伤变量
3	E_T	T 方向弹性模量	d_T	T 方向损伤变量
4	G_{LR}	L-R 平面内剪切模量	d_L^t	L 方向受拉损伤变量
5	G_{RT}	R-T 平面内剪切模量	d_R^t	R 方向受拉损伤变量
6	G_{LT}	L-T 平面内剪切模量	d_T^t	T 方向受拉损伤变量
7	ν_{LR}		d_L^c	L 方向受压损伤变量
8	ν_{LT}	泊松比	d_R^c	R 方向受压损伤变量
9	ν_{RT}		d_T^c	T 方向受压损伤变量
10	X_t	L 方向受拉屈服强度	ε_{11}	
11	X_c	L 方向受压屈服强度	ε_{22}	
12	Y_t	R 方向受拉屈服强度	ε_{33}	
13	Y_c	R 方向受压屈服强度	ε_{12}	应变
14	Z_t	T 方向受拉屈服强度	ε_{23}	
15	Z_c	T 方向受压屈服强度	ε_{31}	
16	S_{xy}	L-R 平面内剪切强度	STATUS	控制单元删除的变量
17	S_{yz}	R-T 平面内剪切强度		
18	S_{zx}	L-T 平面内剪切强度		
19	GF_1	L 方向断裂能		
20	GF_2	R 方向断裂能		
21	GF_3	T 方向断裂能		

注：L 表示木材顺纹方向，R 表示木材横纹径向方向，T 表示木材横纹切向方向。

5.3　木材子程序验证

为了检验二次开发子程序的正确性，一般需要对材料的单个单元进行模型测试。本章单元测试采用尺寸为 10mm×10mm×10mm 的单个三维实体立方体单元，单元类型采用八节点六面体线性减缩积分单元（C3D8R）。模型中分别采用 ABAQUS 自带的弹性工程常数和子程序 VUMAT，其中弹性工程常数（Engineering Constants）用于 ABAQUS/Standard 通用隐式模块中计算，子程序 VUMAT 用于 ABAQUS/Explicit 动力显示模块中计算，两者进行对比以测试子程序的准确性。

子程序验证中材料采用杨木 LVL，密度 560kg/m³，其主要参数采用李林峰[115] 文中给出的花旗松本构关系模型参数，如表 5.2 所示。

杨木 LVL 性能参数　　　　　　　　　　　　　表 5.2

模量(MPa)		强度(MPa)		剪切强度(MPa)		泊松比		断裂能(J/m²)	
E_L	12600	X_t	122.5	S_{LR}	10.0	V_{LR}	0.3	GF_1	37000
E_R	1260	X_c	44.3						
E_T	630	Y_t	5.0	S_{RT}	2.0	V_{RT}	0.3	GF_2	437
G_{LR}	945	Y_c	12.0						
G_{RT}	227	Z_t	5.0	S_{LT}	10.0	V_{LT}	0.5	GF_3	437
G_{LT}	756	Z_c	12.0						

注：E_L、E_R、E_T 分别为 L、R、T 方向弹性模量；G_{LR}、G_{RT}、G_{LT} 分别为 L-R、R-T、L-T 平面内剪切模量；X_t、X_c、Y_t、Y_c、Z_t、Z_c 分别为 L、R、T 方向拉、压屈服强度；S_{LR}、S_{RT}、S_{LT} 为 L-R、R-T、L-T 平面内剪切强度；V_{LR}、V_{RT}、V_{LT} 为泊松比；GF_1、GF_2、GF_3 分别为 L、R、T 方向断裂能；L、R、T 分别为木材顺纹方向、横纹径向、横纹切向。

通过对木材单元三个方向的单轴压缩、拉伸模拟进行工程常数与子程序的对比测试，对比结果分别如图 5.2、图 5.3、图 5.4 所示，结果表明在弹性阶段通过子程序 VUMAT 对木材单元三个方向的模拟与用 ABAQUS 自带的工程常数模拟结果相符，说明 VUMAT 在木材顺纹方向弹性阶段的计算可靠，且动力显示分析方法可准确地模拟分析准静力问题，利用子程序的计算结果反映出了木材顺纹方向、横纹径向、横纹切向受拉脆性破坏、受压延性破坏的特点。

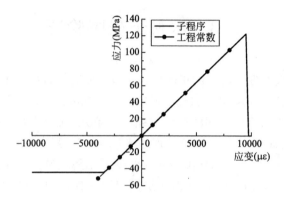

图 5.2   顺纹应力-应变曲线

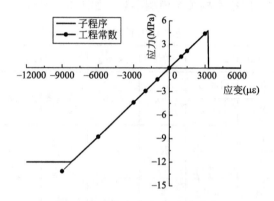

图 5.3   横纹径向应力-应变曲线

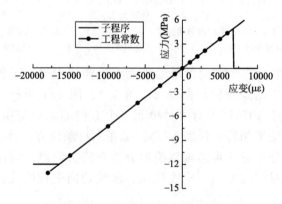

图 5.4   横纹切向应力-应变曲线

5.4　材料性能参数

钢材均采用 Q235 冷弯薄壁型钢，模拟中采用的是动力显示分析方法。虽然钢材间接性受到冲击，是一个瞬态作用的过程，仍属于动力学范畴，所以材料存在应变率效应的问题，定义材料时考虑了应变率效应。张磊[83] 在螺栓节点梁柱子结构抗冲击性能研究和朱正西[123] 在钢框架梁柱组合节点动态抗冲击性能研究中，钢材均采用文献[124] 中 Cower-Symonds 模型定义应变率效应，如式（5.20）所示，σ_0 代表材料的静力强度，σ'_0 代表材料在对应塑性应变率 $\dot{\varepsilon}$ 时的动态强度，D 和 q 为计算参数，根据材料的不同而有所变化。对于碳素钢而言，文献[125] 中提到当应变率较小时，可采用 $D=40$ 和 $q=5$，当构件出现较大变形时（接近破坏），可选用 $D=6844$，$q=3.91$，经过抗冲击模拟分析后，采用前者即可。钢材性能参数采用孙国军[125] 的考虑材料应变率效应的材性试验数据，如表 5.3 所示。

$$\frac{\sigma'_0}{\sigma_0}=1+\left(\frac{\dot{\varepsilon}}{D}\right)^{\frac{1}{q}} \tag{5.20}$$

钢材性能参数　　　　　　　　　　　　　　　　　　　　表 5.3

杨氏模量	泊松比	屈服强度	极限强度	密度
203GPa	0.3	297MPa	409MPa	7780kg/m³

防护层主要采用木材，为方便建筑施工现场就地取材，模拟中的木材采用模板和方木两个种类。模板原料采用杨木 LVL，密度 560kg/m³，标准规格尺寸 1220mm×2440mm×12mm（15mm、18mm、21mm、24mm），其性能参数如表 5.2 所示；方木原料采用花旗松，密度 480kg/m³，标准规格尺寸 50mm×100mm×2500mm，其性能参数如表 5.4 所示。

花旗松性能参数　　　　　　　　　　　　　　　　　　　表 5.4

模量（MPa）		强度（MPa）		剪切强度（MPa）		泊松比		断裂能（J/m²）	
E_L	10178	X_t	78.00	S_{LR}	5.76	V_{LR}	0.29	GF_1	29820
E_R	692	X_c	29.38						
E_T	509	Y_t	4.00	S_{RT}	2.00	V_{RT}	0.44	GF_2	352
G_{LR}	651	Y_c	8.80						
G_{RT}	71	Z_t	4.00	S_{LT}	4.53	V_{LT}	0.39	GF_3	352
G_{LT}	794	Z_c	3.56						

5.5 结构有限元模型的建立

5.5.1 施加约束及加载控制

钢结构临时作业棚的方钢管立柱采用固接；高空坠物在参考点处设置仅有沿高度方向的位移，其他方向均为 0；木板放置于横向空腹式防护上方，不设置边界条件。最后在参考点处施加沿竖直方向的初始速度。初始速度的设置由坠落物体的高度根据能量守恒定律确定。

5.5.2 网格划分及单元选取

由于体系中钢构件数量较多，尺寸较大，模型中钢构件采用壳单元，网格类型采用 S4R 建模。由于坠落物体的破坏形式不是本书研究的重点，为了节约计算成本，将坠落物体简化为离散刚体（Discrete rigid）不发生变形，并在其质心处建立参考点，方便对其进行质量、边界条件与加载方式的设置，模型采用壳单元，单元网格类型采用刚性单元（R3D4）进行建模。木材采用实体单元建模，并建立局部坐标系，定义木材的顺纹方向、横纹径向、横纹切向，分别对应局部坐标的 X、Y、Z 轴，网格采用结构化划分，单元网格类型采用 8 节点线性减缩分三维实体单元（C3D8R）进行建模。

网格划分在建模过程中十分重要，网格类型、网格细密程度以及网格形状对有限元模型的收敛性和计算精度都有很大的影响。网格越细密，越可以保证计算结果的精度，但同时会增加计算的时间，浪费计算机的资源；网格粗略则容易导致计算结果不精确甚至出现错误。网格的形状不规则时容易导致计算时出现不收敛的现象，故需要保证网格三个方向的尺寸差异不要过大。因此有限元分析时需要合理划分网格以保证计算结果的精度和收敛性。以 T 形钢结构临时作业棚各部件网格划分为例，如图 5.5 所示。

5.5.3 接触分析

临时作业棚抗冲击有限元模型主要涉及钢构件、木材、坠落物体等部件之间的相互作用问题，本模型为简化结构抗冲击性能的模拟计算对各接触面的接触类型进行设定。所有钢结构构件之间均采用绑定接触（tie）进行约束，高空坠物与建模时的参考点之间采用耦合（coupling），高空坠物与木材、木材与横向空腹式桁架之间均采用面-面接触（surface to surface），法向设置硬接触（hard contact），允许两接触面分离，切向采用库仑摩擦用于模拟接触之间变形不一致而产

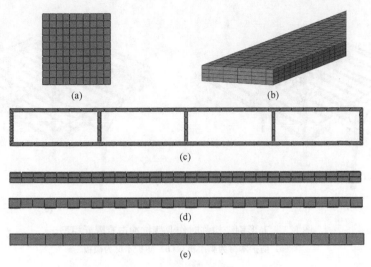

图 5.5 各部件网格划分

(a) 坠落物体；(b) 脚手板；(c) 框架；(d) 横梁；(e) 立柱

生的相对滑移，摩擦系数均为 0.3。其中，坠落物体为离散刚体，刚度大于受冲击的木材，故选择坠落物体作为主面，而木材相对下方的横向空腹式桁架刚度较小，故选择后者作为主面。

5.5.4 边界条件及加载方式

钢结构临时作业棚的方钢管立柱柱脚采用固接。高空坠物在参考点处设置仅有沿高度方向的位移，其他方向的位移均设置为 0。冲击由在参考点处分别施加的质量和沿竖直方向的初始速度来实现，初始速度的设置由坠落物体的高度根据能量守恒定律确定。图 5.6、图 5.7 所示为临时作业棚的抗冲击有限元模型。

图 5.6 抗冲击有限元模型

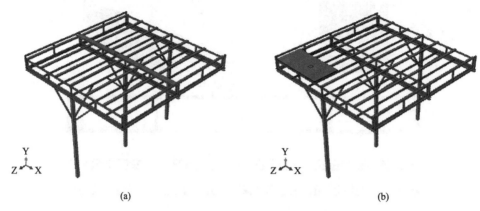

(a)   (b)

图 5.7 T 形钢结构临时作业棚抗冲击有限元模型
（a）防护木材为脚手板；（b）防护木材为模板

5.6 双排柱形钢结构临时作业棚对
高空坠物的抗冲击性能分析

目前，我国建筑施工现场的临时作业棚大部分是由钢管扣件搭接或钢构件焊接组成，不仅理论研究相对较少，而且没有统一的设计、施工标准和规范，导致各个施工场地临时作业棚形式各异，其安全性不能得到充分保证，由高空坠物引起的工程事故也屡见不鲜，防护措施不到位是事故的主要原因之一。建筑施工现场主要以木板、模板、方木作为防护层，确保临时作业棚在坠落物体冲击作用下具有一定的安全性。对于木材抗冲击性能的研究，国内已开展了一定的研究工作，但针对钢结构临时作棚体系中木材防护层冲击性能的研究，国内尚未见报道。因此，结合本文开发的新型装配式钢结构临时作业棚，对其抗冲击性能进行了有限元分析，为钢结构临时作业棚的设计、施工提供一定的理论依据。

5.6.1 双排柱形钢结构临时作业棚有限元计算结果

在进行钢结构临时作业棚抗冲击有限元分析时，保持坠落物体的质量不变，通过控制坠落高度等价的实现其冲击性。作业棚中部位置在冲击作用下变形最大，因此，分析过程中保持作业棚受荷位置不变，位于结构中部。采用有限元分析软件 ABAQUS 中的 ABAQUS/Explicit 显示分析模块建立了 44 个抗冲击有限元模型，考察了坠落物体高度、作用面积、木材厚度、木材种类等对结构抗冲击性能的影响，具体参数设置如表 5.5 所示。

模型参数 表 5.5

模型	质量(kg)	坠落位置	高度(m)	作用面(mm×mm)	木材厚(mm)	木材种类
SI-1	10	结构中部	5	100×100	12	杨木 LVL
SI-2	10	结构中部	5	100×200	12	杨木 LVL
SI-3	10	结构中部	5	100×300	12	杨木 LVL
SI-4	10	结构中部	5	100×100	15	杨木 LVL
SI-5	10	结构中部	5	100×100	18	杨木 LVL
SI-6	10	结构中部	5	100×100	21	杨木 LVL
SI-7	10	结构中部	5	100×100	24	杨木 LVL
SI-8	10	结构中部	8	100×100	12	杨木 LVL
SI-9	10	结构中部	8	100×200	12	杨木 LVL
SI-10	10	结构中部	8	100×300	12	杨木 LVL
SI-11	10	结构中部	12	100×100	12	杨木 LVL
SI-12	10	结构中部	12	100×200	12	杨木 LVL
SI-13	10	结构中部	12	100×300	12	杨木 LVL
SI-14	10	结构中部	5	100×100	50	花旗松
SI-15	10	结构中部	5	100×200	50	花旗松
SI-16	10	结构中部	5	100×300	50	花旗松
SI-17	10	结构中部	8	100×100	50	花旗松
SI-18	10	结构中部	8	100×200	50	花旗松
SI-19	10	结构中部	8	100×300	50	花旗松
SI-20	10	结构中部	12	100×100	50	花旗松
SI-21	10	结构中部	12	100×200	50	花旗松
SI-22	10	结构中部	12	100×300	50	花旗松
SI-23	10	结构边部	5	100×100	12	杨木 LVL
SI-24	10	结构边部	5	100×200	12	杨木 LVL
SI-25	10	结构边部	5	100×300	12	杨木 LVL
SI-26	10	结构边部	5	100×100	15	杨木 LVL
SI-27	10	结构边部	5	100×100	18	杨木 LVL
SI-28	10	结构边部	5	100×100	21	杨木 LVL
SI-29	10	结构边部	5	100×100	24	杨木 LVL
SI-30	10	结构边部	8	100×100	12	杨木 LVL
SI-31	10	结构边部	8	100×200	12	杨木 LVL
SI-32	10	结构边部	8	100×300	12	杨木 LVL

续表

模型	质量(kg)	坠落位置	高度(m)	作用面(mm×mm)	木材厚(mm)	木材种类
SI-33	10	结构边部	12	100×100	12	杨木 LVL
SI-34	10	结构边部	12	100×200	12	杨木 LVL
SI-35	10	结构边部	12	100×300	12	杨木 LVL
SI-36	10	结构边部	5	100×100	50	花旗松
SI-37	10	结构边部	5	100×200	50	花旗松
SI-38	10	结构边部	5	100×300	50	花旗松
SI-39	10	结构边部	8	100×100	50	花旗松
SI-40	10	结构边部	8	100×200	50	花旗松
SI-41	10	结构边部	8	100×300	50	花旗松
SI-42	10	结构边部	12	100×100	50	花旗松
SI-43	10	结构边部	12	100×200	50	花旗松
SI-44	10	结构边部	12	100×300	50	花旗松

图 5.8 是模型 SI-14 碰撞结束后的 Mises 应力云图，除木材外，钢构件均未达到屈服状态，因此主要选择了受冲击后变形最大的桁架进行受力分析。

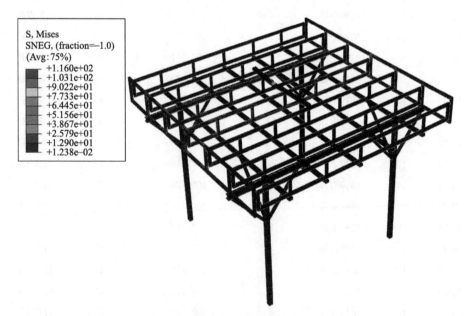

图 5.8　模型 SI-14 Mises 应力云图

图 5.9 是模型 SI-14 碰撞结束后花旗松方木应力云图。从图 5.9 可以看出，方木上方出现了鼓曲，靠近中心轴单元网格删除，顺纹发生了部分剪切破坏，破

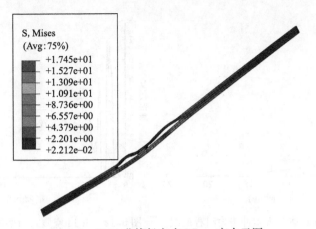

图 5.9　SI-14 花旗松方木 Mises 应力云图

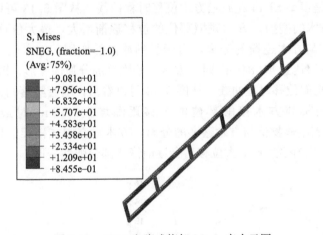

图 5.10　SI-14 空腹式桁架 Mises 应力云图

坏面积 0.055m²，这是由于碰撞时方木下侧受拉，上侧受挤压达到顺纹剪切强度；碰撞中方木 Mises 应力最大可以达到 35.3MPa。图 5.10 是模型 SI-14 碰撞结束后空腹式桁架的 Mises 应力云图。从图 5.10 可以看出，碰撞中空腹式桁架 Mises 应力最大可以达到 99.2MPa。图 5.11 是模型 SI-14 花旗松方木冲击力时程曲线。由图 5.11 可以看出，在坠落物体与结构碰撞瞬间，冲击力由零增加到最大值 104.7kN；当冲击力达到峰值后，出现一个平台段，该平台段是坠落物体与方木充分接触的阶段，花旗松方木与空腹式桁架的变形不断增加；之后冲击力逐渐减小，说明坠落物体与方木开始分离，直到 20ms 时减小为 0，两者彻底脱离接触。图 5.12 是模型 SI-14 空腹式桁架冲击力时程曲线。从图 5.13 可以看出，由于其受到的是间接冲击作用，冲击力相对较小，最大冲击力为 6.7kN，5ms 之后随着坠落物体与方木逐渐的分离，其冲击力也逐渐减小。

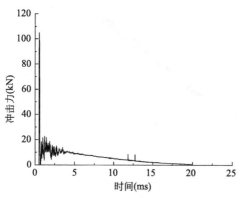

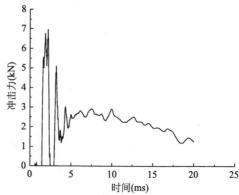

图 5.11　SI-14 花旗松方木冲击力时程曲线　　图 5.12　SI-14 空腹式桁架冲击力时程曲线

图 5.13 是模型 SI-14 花旗松方木位移时程曲线。从图 5.13 可以看出，随着坠落物体与方木的碰撞，方木碰撞部位的位移逐渐增大，最大位移为 45.8mm；随着坠落物体与方木逐渐的分离，由于受到冲击的作用，方木位移还会持续增加，当最大位移达到 45.84mm 时，方木开始恢复部分弹性变形。图 5.14 是模型 SI-14 空腹式桁架位移时程曲线。从图 5.14 可以看出，随着坠落物体与方木的碰撞，空腹式桁架与方木接触部位的位移逐渐增大，18ms 时最大位移达到 14.2mm，随着坠落物体与方木逐渐的分离，方木对空腹式桁架的作用也逐渐减小，所以空腹式桁架达到最大位移后会逐渐恢复部分弹性变形。

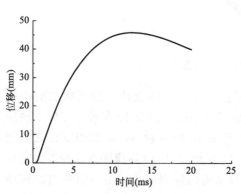

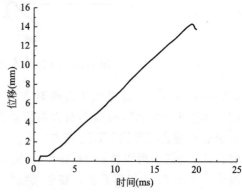

图 5.13　SI-14 花旗松方木位移时程曲线　　图 5.14　SI-14 空腹式桁架位移时程曲线

综上可知，木材受到直接冲击后受力及变形非常明显，而下方钢结构构件变形及受力相对较小。这是由于木材的刚度较小，其受到一定能量的冲击后，立即出现损伤破坏，抵抗能力较差，冲击能量作用在下方钢构件的时间较短。因此，钢构件受到的冲击力与位移均相对较小。

5.6.2　双排柱形钢结构临时作业棚的抗冲击参数分析

通过对 44 个模型的抗冲击性能有限元分析，研究了木材与空腹式桁架的最大冲击力、位移、Mises 应力及木材的破坏面积、破坏形式，有限元分析结果如表 5.6 所示。

有限元分析结果　　　　　　　　　　　　　表 5.6

模型	冲击力（kN）		位移（mm）		Mises 应力（MPa）		破坏面积（m²）	木材破坏形式
	木材	桁架	木材	桁架	木材	桁架		
SI-1	123.62	2.54	110.63	7.58	86.72	52.10	0.16	顺纹纵向剪切破坏
SI-2	231.43	4.95	72.82	9.11	66.18	59.90	0.30	顺纹纵向剪切破坏
SI-3	338.19	7.10	52.79	9.29	59.26	63.11	0.44	顺纹纵向剪切破坏
SI-4	125.47	3.98	72.62	10.24	75.06	107.60	0.14	顺纹纵向剪切破坏
SI-5	129.73	5.27	64.73	10.52	69.24	117.80	0.14	顺纹纵向剪切破坏
SI-6	142.97	8.08	54.29	10.77	63.11	138.90	0.13	顺纹纵向剪切破坏
SI-7	156.37	9.20	38.57	13.90	59.82	143.31	0.12	顺纹纵向剪切破坏
SI-8	153.27	3.27	159.93	7.16	62.29	53.86	0.16	顺纹纵向剪切破坏 坠落部位部分击穿
SI-9	286.47	3.94	122.95	7.84	51.78	54.71	0.32	顺纹纵向剪切破坏
SI-10	422.28	6.23	100.56	8.37	41.06	57.27	0.44	顺纹纵向剪切破坏
SI-11	158.62	4.27	210.02	6.19	90.80	46.22	0.20	顺纹纵向剪切破坏 坠落部位完全断裂
SI-12	321.61	6.45	156.16	10.37	49.34	73.45	0.32	顺纹纵向剪切破坏
SI-13	466.22	5.57	124.95	9.31	43.22	63.00	0.45	顺纹纵向剪切破坏
SI-14	104.74	6.75	45.84	14.22	35.35	99.21	0.06	顺纹纵向剪切破坏
SI-15	209.09	6.91	43.34	10.91	20.45	87.67	0.05	截纹径向剪切破坏
SI-16	313.95	7.82	30.62	7.74	20.07	71.47	0.07	截纹径向剪切破坏
SI-17	129.78	4.46	117.02	13.79	28.21	120.10	0.04	截纹径向剪切破坏 坠落部位完全断裂
SI-18	260.80	4.99	57.53	13.51	15.18	113.80	0.05	截纹径向剪切破坏
SI-19	391.82	6.13	44.30	9.78	15.88	91.34	0.08	截纹径向剪切破坏
SI-20	146.00	4.09	228.20	2.14	21.71	28.39	0.02	截纹径向剪切破坏 坠落部位完全断裂
SI-21	281.04	5.19	76.68	13.93	21.20	112.50	0.06	截纹径向剪切破坏
SI-22	423.12	6.01	60.03	10.96	21.02	97.27	0.09	截纹径向剪切破坏

续表

模型	冲击力(kN)		位移(mm)		Mises 应力(MPa)		破坏面积(m²)	木材破坏形式
	木材	桁架	木材	桁架	木材	桁架		
SI-23	123.19	3.05	115.50	4.72	70.02	59.95	0.16	顺纹纵向剪切破坏
SI-24	231.44	4.84	76.29	6.23	78.51	72.59	0.30	顺纹纵向剪切破坏
SI-25	337.91	7.51	52.48	6.74	42.99	78.29	0.44	顺纹纵向剪切破坏
SI-26	119.49	3.75	74.52	6.82	77.99	124.60	0.16	顺纹纵向剪切破坏
SI-27	130.98	5.43	61.82	7.86	95.18	140.40	0.16	顺纹纵向剪切破坏
SI-28	192.22	7.14	52.22	10.12	68.15	149.50	0.16	顺纹纵向剪切破坏
SI-29	155.93	8.73	36.05	9.44	58.11	153.70	0.12	顺纹纵向剪切破坏
SI-30	153.14	3.57	164.50	4.43	70.18	67.98	0.17	顺纹纵向剪切破坏坠落部位部分击穿
SI-31	285.62	3.60	124.50	5.33	52.82	72.99	0.31	顺纹纵向剪切破坏
SI-32	421.78	6.74	100.50	5.23	47.18	67.32	0.45	顺纹纵向剪切破坏
SI-33	160.31	4.58	228.80	3.28	68.46	55.31	0.18	顺纹纵向剪切破坏坠落部位完全断裂
SI-34	321.59	4.50	158.50	6.86	48.96	102.36	0.30	顺纹纵向剪切破坏
SI-35	466.09	4.85	124.30	6.48	44.89	87.07	0.45	顺纹纵向剪切破坏
SI-36	112.19	7.53	45.25	9.41	36.42	85.90	0.06	顺纹纵向剪切破坏
SI-37	209.01	6.71	41.95	6.59	20.46	94.27	0.05	截纹径向剪切破坏
SI-38	313.99	6.56	31.47	5.59	20.06	88.80	0.07	截纹径向剪切破坏
SI-39	129.88	4.54	196.20	2.54	25.39	30.89	0.04	截纹径向剪切破坏坠落部位完全断裂
SI-40	260.69	6.44	58.33	8.35	14.14	124.3	0.05	截纹径向剪切破坏
SI-41	391.93	6.61	44.82	5.36	15.23	89.57	0.08	截纹径向剪切破坏
SI-42	147.93	4.51	158.00	6.52	43.27	99.15	0.03	截纹径向剪切破坏坠落部位完全断裂
SI-43	281.16	6.65	80.23	7.48	24.46	78.57	0.06	截纹径向剪切破坏
SI-44	422.92	9.29	59.35	7.17	21.62	75.33	0.08	截纹径向剪切破坏

图 5.15、图 5.16 分别为两种不同木材的作用面积对冲击力及位移的影响曲线图，图 5.17、图 5.18 分别为木材厚度对冲击力及位移的影响曲线图。

1. 作用面积对结构抗冲击性能的影响

当以杨木 LVL 模板作为钢结构临时作业棚的防护层时，由表 5.6 中的有限元分析结果及图 5.15（a）、图 5.16（a）可以看出，木材与空腹式桁架受到的冲

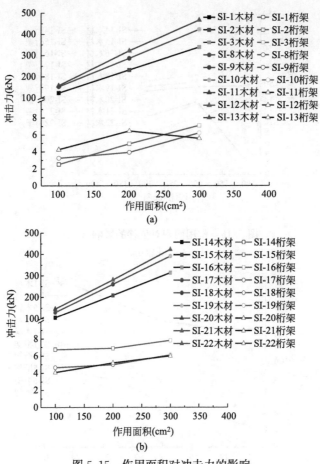

图 5.15 作用面积对冲击力的影响

（a）杨木 LVL；（b）花旗松

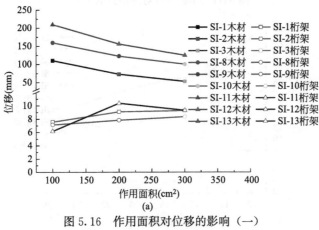

图 5.16 作用面积对位移的影响（一）

（a）杨木 LVL

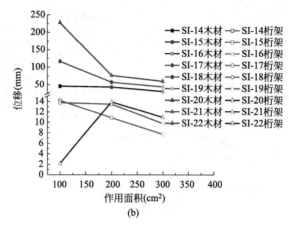

(b)

图 5.16　作用面积对位移的影响（二）

（b）花旗松

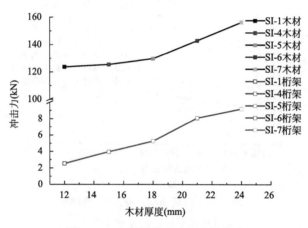

图 5.17　木材厚度对冲击力的影响

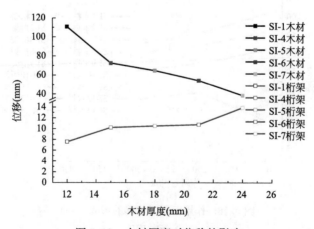

图 5.18　木材厚度对位移的影响

击力随着接触面积的增大而逐渐增大；由于作用面积的增加，在相等能量的冲击下，木材的位移随着接触面积的增大而逐渐减小，然而，由于木材的位移逐渐减小，空腹式桁架承受的冲击作用则逐渐增大，位移也随之逐渐增大，与之对应的两者的 Mises 应力及破坏面积也逐渐增大。木材破坏形式均以顺纹纵向剪切破坏为主，图 5.19 所示为模型 SI-1 木材破坏形态。

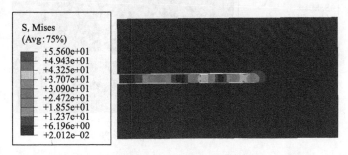

图 5.19　SI-1 木材破坏形态

当以花旗松方木作为钢结构临时作业棚的防护层时，由表 5.6 中的有限元分析结果及图 5.15（b）、图 5.16（b）可以看出，木材与空腹式桁架的冲击力、位移、Mises 应力变化随作用面积的增大而增大，但是空腹式桁架的位移、Mises 应力变化则与杨木 LVL 模板作为防护层时完全相反，呈减小趋势。这是由于花旗松方木的厚度较大，刚度较大，受到坠落物体冲击作用后，坠落物体迅速反弹，对空腹式桁架的作用时间相对较短造成的。当作用面积较大时，木材破坏形式以截纹径向破坏为主，反之，木材则出现断裂。模型 SI-14 木材破坏形态如图 5.20 所示。

图 5.20　SI-14 木材破坏形态

2. 坠落高度对结构抗冲击性能的影响

当以杨木 LVL 模板作为钢结构临时作业棚的防护层时，由表 5.6 中的有限元分析结果及图 5.15（a）、图 5.16（a）可以看出，木材与空腹式桁架受到的冲击力随着坠落高度的增加而增大；其位移也随之增大，但是空腹式桁架的位移则逐渐减小，这是由于在木材较大的变形之下，起到了缓冲效果，对空腹式桁架的影响则相对减小。当坠落物体相对较低时，坠落部位木材破坏主要以顺纹纵向剪切破坏为主，当坠落物体较高时，坠落部位木材则完全断裂，图 5.21 为模型 SI-11 木材破坏形态。

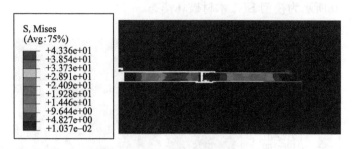

图 5.21　SI-11 木材破坏形态

当以花旗松方木作为钢结构临时作业棚的防护层时，由表 5.6 中的有限元分析结果及图 5.15（b）、图 5.16（b）可以看出，木材受到的冲击力随着坠落高度的增加而逐渐增大；其位移也随之增大；Mises 应力则随之减小，这是由于高度越高，物体坠落速度相对较大，木材由顺纹纵向剪切破坏变为横纹切向剪切破坏引起。空腹式桁架受到的冲击力、位移随之减小，是由于木材的大变形和破坏吸收了大部分冲击能量。当坠落物体相对较低时，坠落部位木材破坏主要以截纹径向剪切破坏为主，当坠落物体较高时，坠落部位木材则完全断裂，模型 SI-20 木材破坏形态如图 5.22 所示。

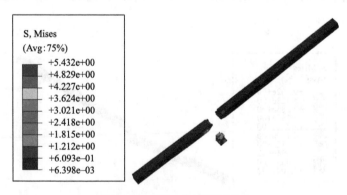

图 5.22　SI-20 木材破坏形态

3. 木材厚度对结构抗冲击性能的影响

当以不同厚度的杨木 LVL 模板作为钢结构临时作业棚防护层时，由表 5.6 中的有限元分析结果及图 5.17、图 5.18 可以看出，木材与空腹式桁架受到的冲击力随着木材厚度的增加而增大；随着木材厚度的增加，其刚度增大，受冲击后木材位移、Mises 应力随之减小，因此，在冲击能量不变的前提下，钢构件需要承受的冲击增大，所以空腹式桁架的位移、Mises 应力随之增大。木材破坏主要以截纹径向剪切破坏为主，随着厚度增加，其破坏面积也随之减小，模型 SI-4、SI-7 木材破坏形态，如图 5.23、图 5.24 所示。

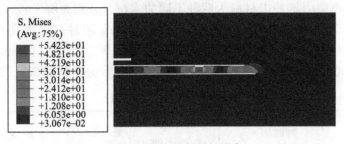

图 5.23　SI-4 木材破坏形态

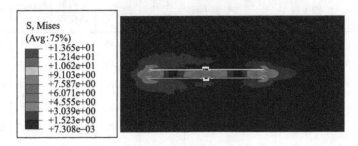

图 5.24　SI-7 木材破坏形态

4. 坠落位置对结构抗冲击性能的影响

根据表 5.6 中统计的有限元分析结果，对比坠落位置在中部的模型 SI-1～SI-22 与坠落位置在边部的模型 SI-23～SI-44 的各项数据可知，两者在木材与桁架的冲击力、位移、Mises 应力、破坏面积的数值基本一致。因此，不再对各项数据进行绘制图表一一分析。出现这一现象有两个原因：第一，结构在这两个位置的刚度相差不大；第二，模型在该能量作用下，主要体现为木材相对较薄弱的位置，均体现为木材的破坏。

5.7　T 形钢结构临时作业棚对高空坠物的抗冲击性能分析

5.7.1　T 形钢结构临时作业棚有限元计算结果

本书通过变化木材类型、坠落物体质量、坠落高度、坠落物体与木材的冲击接触面积等参数，对 T 形钢结构临时作业棚进行有限元模拟，得到不同参数下木材以及整体钢框架的抗冲击性能，即通过有限元模拟得到木材和上层檩条的最大冲击力、最大竖向位移，木材及整体钢框架的最大应力，木材的破坏面积以及破坏形式，对 T 形钢结构临时作业棚的抗冲击性能进行分析。

有限元模型中抗冲击材料为两种不同的木材，分别为脚手板（JS）和模板（M）；坠落物体质量选取 5kg、8kg、10kg、15kg 四种；坠落高度选取 5m、10m、15m 三种；坠落物体与木材的冲击接触面积选取 100mm×100mm、150mm×150mm、200mm×200mm 三种，具体参数分析如表 5.7、表 5.8 所示。

有限元计算结果（脚手板） 表 5.7

模型编号	冲击力（N）		最大位移（y 方向）(mm)		最大应力（MPa）		脚手板破坏面积（m²）	破坏形式
	脚手板	上层檩条	脚手板	上层檩条	脚手板	中间横向框架		
JS-H5-M5-A100	125.173	13.779	6.45	6.67	22.48	114.3	0.03	横纹剪切破坏
JS-H5-M8-A100	125.833	14.602	10.88	9.01	31.86	162	0.045	顺纹断裂破坏
JS-H5-M10-A100	126.055	13.9	9.91	7.47	27.76	126	0.068	顺纹断裂破坏
JS-H5-M15-A100	126.351	11.8	13.72	9.51	29.26	152.8	0.06	穿透
JS-H10-M5-A100	70.671	8.735	4.58	4.65	18.65	69.9	0.04	横纹剪切破坏
JS-H10-M8-A100	70.923	14.308	4.64	4.22	19.51	61.72	0.04	穿透
JS-H10-M10-A100	71.121	13.734	3.55	3.83	17.8	51.06	0.04	穿透
JS-H10-M15-A100	71.121	13.734	3.55	3.83	17.8	51.06	0.04	穿透
JS-H15-M5-A100	107.113	12.26	2.7	3.23	10.2	37.03	0.04	穿透
JS-H15-M8-A100	107.677	10.51	2.25	3.05	11.24	32.96	0.04	穿透
JS-H15-M10-A100	107.867	9.919	2.3	3.11	11.41	34.64	0.04	穿透
JS-H15-M15-A100	108.121	11.2	2.59	3.08	11.41	33.96	0.04	穿透
JS-H5-M5-A150	243.37	16.508	6.86	6.82	20.93	102.6	0.0125	横纹剪切破坏
JS-H5-M8-A150	245.928	18.148	10.1	9.45	30.03	153.3	0.0175	顺纹剪切破坏
JS-H5-M10-A150	246.798	18.6	11.99	10.94	34.05	184.6	0.02	顺纹剪切破坏
JS-H5-M15-A150	247.956	20.524	17.61	12.63	52.44	217.1	0.045	顺纹剪切破坏
JS-H10-M5-A150	342.467	16.202	11.85	8.42	27.62	134.6	0.0625	横纹剪切破坏
JS-H10-M8-A150	345.939	20.3	20.78	10.88	28.03	182.9	0.0625	横纹剪切破坏
JS-H10-M10-A150	347.112	19.01	26.62	12.21	38.21	234	0.0625	横纹剪切破坏
JS-H10-M15-A150	348.688	17.819	10.93	6.17	22.52	78.27	0.0875	穿透
JS-H15-M5-A150	379.69	17.025	28.2	6.8	39.3	133	0.0625	横纹剪切破坏

续表

模型编号	冲击力(N)		最大位移 (y 方向)(mm)		最大应力(MPa)		脚手板 破坏面 积(m²)	破坏 形式
	脚手板	上层 檩条	脚手板	上层 檩条	脚手板	中间横 向框架		
JS-H15-M8-A150	384.083	16.557	7.9	4.1	20.24	51.02	0.0625	穿透
JS-H15-M10-A150	385.569	15.355	8.53	3.7	18.55	45.84	0.0625	穿透
JS-H15-M15-A150	387.569	13.897	7.48	3.96	17.87	48.09	0.0625	穿透
JS-H5-M5-A200	288.933	17.289	6.67	6.56	20.84	94.91	0.04	横向剪切破坏
JS-H5-M8-A200	266.548	19.208	8.97	9.07	28.1	159.4	0.05	横向剪切破坏
JS-H5-M10-A200	267.812	21.846	10.3	10.65	29.34	192.7	0.025	横向剪切破坏
JS-H5-M15-A200	269.516	23.191	14.55	13.6	31.76	235.7	0.025	横向剪切破坏
JS-H10-M5-A200	405.122	23.615	10.06	8.04	29.13	139.2	0.075	横向剪切破坏
JS-H10-M8-A200	411.619	25.303	13.8	12.05	35.78	223.9	0.1	横向剪切破坏
JS-H10-M10-A200	416.815	22.192	12.4	5.6	23.92	96.89	0.1	穿透
JS-H10-M15-A200	413.831	21.47	9.86	6.56	26.38	116.8	0.0875	穿透
JS-H15-M5-A200	463.402	18.494	9.62	5.07	17.32	85.25	0.075	穿透
JS-H15-M8-A200	453.411	23.653	9.4	4.52	19.54	76.31	0.0875	穿透
JS-H15-M10-A200	456.213	14.047	8.65	4.06	15.33	61.59	0.075	穿透
JS-H15-M15-A200	456.213	16.656	8.65	4.06	15.33	61.59	0.075	穿透

有限元计算结果（模板） 表 5.8

模型编号	冲击力(kN)		最大位移(mm)		最大应力(MPa)		模板破坏 面积(m²)	破坏 形式
	模板	上层 檩条	模板	上层 檩条	模板	边缘横 向框架		
M-H5-M5-A100	128.427	5.256	16.56	6.84	25.09	50.51	0	未破坏
M-H5-M8-A100	115.091	8.746	21.84	9.61	33.47	69.25	0	未破坏
M-H5-M10-A100	123.218	11.949	26.13	11	37.8	80.13	0	未破坏
M-H5-M15-A100	164.69	7.47	37.26	13.25	55.85	138.5	0.05	顺纹断裂破坏
M-H10-M5-A100	147.045	7.57	28.03	9.82	50.13	96.75	0.035	顺纹断裂破坏
M-H10-M8-A100	147.515	12.016	47.43	13.49	74.95	129	0.0575	顺纹断裂破坏
M-H10-M10-A100	147.672	8.79	41.99	9.82	87.54	107.6	0.0525	穿透
M-H10-M15-A100	147.882	10.325	48.2	11.47	91.61	129.7	0.065	穿透
M-H15-M5-A100	224.789	12.993	38.39	7.64	68.05	80.38	0.06	穿透
M-H15-M8-A100	225.514	13.418	20.78	6.1	53.51	60.22	0.1125	穿透

续表

模型编号	冲击力(kN)		最大位移(mm)		最大应力(MPa)		模板破坏面积(m²)	破坏形式
	模板	上层檩条	模板	上层檩条	模板	边缘横向框架		
M-H15-M10-A100	225.756	19.407	14.85	6.4	46.81	60.44	0.12	穿透
M-H15-M15-A100	226.081	10.624	11.33	5.53	50.79	48.08	0.15	穿透
M-H5-M5-A150	224.990	8.563	15	6.61	20.78	68.37	0.0225	横向剪切破坏
M-H5-M8-A150	228.875	7.701	20.9	9.35	25.45	96.48	0.0225	横向剪切破坏
M-H5-M10-A150	230.201	9.999	24.05	10.87	27.06	111.2	0.0225	横向剪切破坏
M-H5-M15-A150	231.974	11.440	31.81	13.31	39.79	141.2	0.06	顺纹断裂破坏
M-H10-M5-A150	309.682	9.094	21.32	8.72	25.19	95.46	0.0375	横向剪切破坏
M-H10-M8-A150	311.446	16.107	28.52	12.54	32.65	137.5	0.0375	横向剪切破坏
M-H10-M10-A150	312.038	13.403	38.64	14.41	54.15	142	0.175	顺纹断裂破坏
M-H10-M15-A150	312.832	15.328	30.35	16.03	90.51	150.5	0.225	穿透
M-H15-M5-A150	382.351	16.502	25.5	10.3	33.02	116.5	0.0375	横向剪切破坏
M-H15-M8-A150	384.730	14.480	25.54	15.07	60.18	151.5	0.1875	顺纹断裂破坏
M-H15-M10-A150	385.530	24.621	24.67	12.26	94.9	142.8	0.2125	穿透
M-H15-M15-A150	386.601	17.276	19.61	10.31	38.14	114.3	0.195	穿透
M-H5-M5-A200	352.954	8.63	13.54	6.47	15.65	66.56	0.01	横纹剪切破坏
M-H5-M8-A200	361.782	10.548	18.91	9.23	19.31	96.11	0.01	横纹剪切破坏
M-H5-M10-A200	364.794	11.262	21.9	10.88	21.98	112.1	0.01	横纹剪切破坏
M-H5-M15-A200	369.406	8.37	28.77	14.04	29.55	147	0.01	横纹剪切破坏
M-H10-M5-A200	506.026	9.814	19.31	8.53	21.37	91.5	0.04	横纹剪切破坏
M-H10-M8-A200	519.677	15.1	26.43	12.36	26.46	138.1	0.04	横纹剪切破坏
M-H10-M10-A200	524.358	16.046	30.58	14.46	31.31	162.4	0.04	横纹剪切破坏
M-H10-M15-A200	530.655	18.083	38.5	18.41	65.18	184.7	0.118	顺纹断裂破坏
M-H15-M5-A200	589.695	21.6	23	10.2	26.9	112.8	0.06	横纹剪切破坏
M-H15-M8-A200	594.897	17.796	21.66	14.79	46.82	151.1	0.21	顺纹断裂破坏
M-H15-M10-A200	596.651	20.584	23.26	17.45	75.99	174.9	0.255	顺纹断裂破坏
M-H15-M15-A200	599.007	27.899	16.83	16.66	84.47	184.2	0.438	穿透

1. 脚手板的有限元分析

以防护木材为脚手板、坠落物体质量为 10kg、坠落高度为 10m、冲击接触面积为 150mm×150mm 的 JS-H10-M10-A150 冲击模型为例，对 T 形钢结构临时作业棚受坠落物体冲击时防护的脚手板模态变化全过程进行分析。

图 5.25 为 JS-H10-M10-A150 冲击模型中脚手板受冲击时模态的变化全过程图。图 5.26 为脚手板冲击力及竖向位移时程曲线。

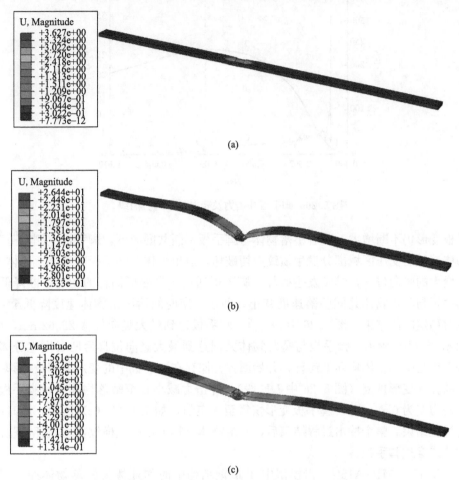

图 5.25　JS-H10-M10-A150 受冲击时模态变化过程

(a) 坠落物体与脚手板刚接触；(b) 脚手板竖向位移达到最大；(c) 脚手板变形完全恢复

坠落物体坠落后，很快与脚手板接触，图 5.25（a）为坠落物体与脚手板刚接触时脚手板模态，此时脚手板所受冲击力为 0kN（图 5.26 中 A 点）。在坠落物体接触到脚手板后，脚手板开始出现以接触位置为中心的弯曲变形，脚手板通过弯曲变形消耗部分坠落物体的动能，脚手板在极短的时间内获得较大的动能，冲击力达到最大值（图 5.26 中 B 点）。随着冲击过程继续，坠落物体与脚手板的冲击接触面积逐渐增加，脚手板变形持续增大，直至坠落物体与脚手板两者充分接触，开始形成以相同的速度共同向下运动的稳定状态，此时冲击力进入稳定阶段（图 5.26 中 CD 段），此阶段内冲击力几乎维持在冲击力平台值不变，但脚

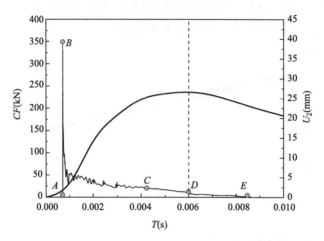

图 5.26 脚手板冲击力及竖向位移时程曲线

手板变形仍不断增大。随着坠落物体与脚手板不断共同向下，脚手板上侧与坠落物体接触的受压区域部分发生横纹剪切破坏，退出工作。脚手板随着坠落物体不断增大的竖向位移，继续发生破坏，脚手板通过自身变形消耗的动能不断降低，脚手板与坠落物体共同坠落速度减小，到达一定时间后坠落物体速度降低至 0，此时稳定阶段结束（图 5.26 中 D 点），脚手板达到最大竖向位移 26.62mm，如图 5.25（b）所示。脚手板与坠落物体共同达到最大竖向位移后两者发生分离，脚手板与坠落物体均向上运动，开始回弹，储存在脚手板中的变形能释放，脚手板的弹性变形恢复（图 5.26 中 DE 段），冲击力减小直至坠落物体离开脚手板，冲击力变为 0kN，此时脚手板变形恢复至一定值，如图 5.25（c）所示，此时冲击过程结束。整个冲击过程结束后，坠落物体对脚手板造成横纹剪切破坏，坠落物体未穿透脚手板。

JS-H10-M10-A150 冲击模型中 T 形钢结构临时作业棚受坠落物体冲击后，整体钢框架的应力云图如图 5.27 所示，最大应力出现在中间框架腹杆处，此时钢框架中钢材的最大应力为 117MPa，未达到允许应力 160MPa；由有限元计算结果得到整体钢框架各构件竖向位移可知，整体钢框架中最大竖向位移出现在上层檩条上，其竖向位移值为 12.21mm。此时整体钢框架安全，但脚手板发生破坏不能继续使用，需要更换受冲击破坏的脚手板，保证 T 形钢结构临时作业棚继续正常使用。

2. 模板抗冲击性能有限元分析

以防护木材为模板、坠落物体质量为 10kg、坠落高度为 10m、冲击接触面积为 150mm×150mm 的 M-H10-M10-A150 冲击模型为例对模板受冲击过程模态变化全过程进行分析。图 5.28 为 M-H10-M10-A150 模型中模板的模态变化过

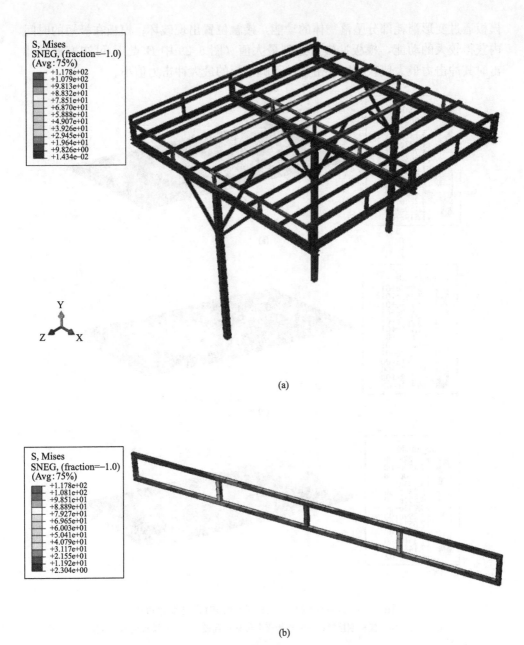

(a)

(b)

图 5.27 T形钢结构临时作业棚应力云图
(a) 整体钢框架应力云图；(b) 横向框架应力云图

程。图 5.29 为模板的冲击力及竖向位移时程曲线。坠落物体坠落后迅速与模板接触，图 5.28（a）为坠落物体与模板刚接触时模板的模态（图 5.29 中 A 点），此时模板冲击力为 0kN。两者接触后，模板开始出现以接触位置为中心的变形，模板通过变形消耗部分坠落物体的动能，接触位置出现破坏；模板在极短的时间内获得较大的动能，模板冲击力达到最大值（图 5.29 中 B 点），可知模板受冲击时其冲击力最大值较相同冲击条件下脚手板的最大冲击力值小。

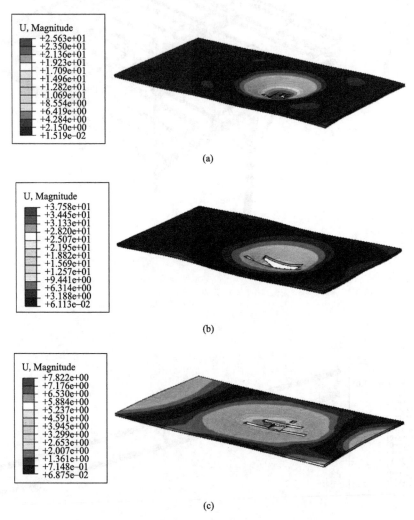

图 5.28　M-H10-M10-A150 受冲击时模态变化过程
（a）坠落物体与模板刚接触；（b）模板竖向位移达到最大；（c）模板变形完全恢复

随着冲击过程继续，坠落物体与模板的接触越来越充分，冲击接触面积逐渐增加，并且模板的破坏逐渐延展，直至坠落物体与模板形成以相同的速度共同向下运动的稳定状态，此时冲击力进入稳定阶段（图 5.29 中 CD 段），此阶段内冲击力几乎维持在冲击力平台值不变。随着坠落物体与模板不断共同向下，坠落物体及模板竖向位移不断增大，模板的破坏面积不断增大，模板变形消耗的动能逐

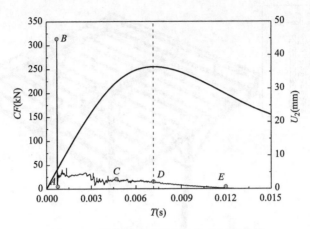

图 5.29　模板冲击力及竖向位移时程曲线

渐降低，模板与坠落物体共同向下的速度减小，到达一定时间后坠落物体速度降低至 0，此时稳定阶段结束，模板达到最大竖向位移 38.64mm，如图 5.28（b）所示为模板达到最大位移时模态，可知模板受冲击时模板最大竖向位移值较脚手板的最大竖向位移值大。模板与坠落物体共同达到最大竖向位移后两者发生分离，模板与坠落物体均向上运动，开始回弹，储存在模板中的变形能释放，模板的弹性变形恢复（图 5.29 中 DE 段），模板冲击力持续减小直至坠落物体离开模板，模板冲击力变为 0，此时模板变形恢复至一定值，如图 5.28（c）所示，整个冲击过程结束，模板呈顺纹断裂破坏，模板受冲击过程持续时间较脚手板长。

　　MH10-M10-A150 冲击模型中 T 形钢结构临时作业棚受坠落物体冲击后，整体钢框架的应力云图如图 5.30 所示，最大应力出现在中间框架腹杆处，此时钢框架中钢材的最大应力为 109.7MPa，未达到允许应力 160MPa；由有限元计算结果可知，整体钢框架中最大竖向位移出现在上层檩条上，值为 14.41mm。此时整体钢框架安全，仅模板发生破坏，更换模板后 T 形钢结构临时作业棚可以继续正常使用。

5.7.2　T 形钢结构临时作业棚抗冲击性能的参数分析

　　通过改变坠落物体质量、坠落高度、冲击接触面积等因素研究不同参数对 T 形钢结构临时作业棚抗冲击性能的影响。

1. 坠落物体质量的影响

　　采取控制变量法，只改变冲击时坠落物体质量，其他参数不改变。

　　T 形钢结构临时作业棚的防护木材选用脚手板时，改变坠落物体质量对临时作业棚冲击性能的影响。图 5.31 为不同坠落物体质量下 T 形钢结构临时作业棚

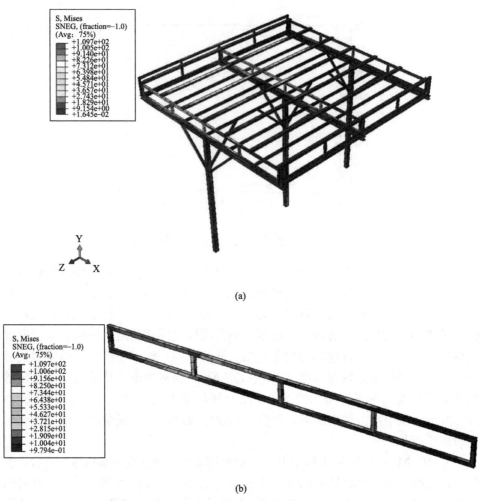

图 5.30 T 形钢结构临时作业棚应力云图
（a）整体钢框架应力云图；（b）横向框架应力云图

中脚手板的冲击力时程曲线，由图可知，随着坠落物体质量的增加，脚手板冲击力均在 0.0007s 左右达到最大值，故坠落物体质量对脚手板冲击力达到最大值的时间几乎没有影响。坠落物体质量从 5kg 增加到 10kg 时冲击力最大值增加 1.35%；从 10kg 增加到 15kg 时冲击力最大值增加 0.5%，因此脚手板冲击力随坠落物体质量增加而增大，但影响很小。坠落物体质量从 5kg 到 8kg 时，冲击过程持续时间从 0.00586s 增加到 0.00694s，延长了 18.4%；质量从 8kg 到 10kg 时，冲击过程持续时间从 0.00694s 增加到 0.00858s，冲击过程持续时间延长了 23.6%；质量为 15kg 时，坠落物体穿透脚手板，故冲击过程持续时间极短；因此未击穿时坠落物体质量对冲击过程持续时间影响较大，击穿后冲击过程持续时间极短。

图 5.32 为坠落物体质量对上层檩条所受冲击力最大值的影响规律，由图可知，当脚手板未被击穿时，随着坠落物体质量的增加上层檩条承受的最大冲击力明显增大，当坠落物质量从 5kg 增加到 8kg 时，最大冲击力增加 17.35%；坠落物质量从 8kg 增加到 10kg 时，最大冲击力增加 6.79%。当坠落物质量为 15kg 时，坠落物体快速击穿脚手板，因此上层檩条承受冲击力较小。

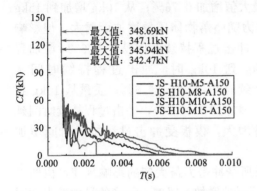
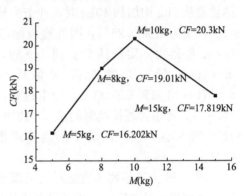

图 5.31　质量对脚手板冲击力时程曲线的影响　　图 5.32　质量对上层檩条最大冲击力的影响

图 5.33 为坠落物体质量对脚手板最大竖向位移的影响规律，由图可知，当脚手板未被击穿时，随着坠落物体质量的增加脚手板最大竖向位移明显增大，当坠落物质量从 5kg 增加到 8kg 时，最大竖向位移增加 75.36%；坠落物质量从 8kg 增加到 10kg 时，最大竖向位移增加 28.10%。当坠落物质量为 15kg 时，坠落物体快速击穿脚手板，脚手板最大竖向位移较小，值为 10.93mm。

图 5.34 为坠落物体质量对上层檩条最大竖向位移的影响规律，由图可知，当脚手板未被击穿时，随着坠落物体质量的增加上层檩条最大竖向位移明显增大，当坠落物质量从 5kg 增加到 8kg 时，最大竖向位移增加 29.22%；坠落物质

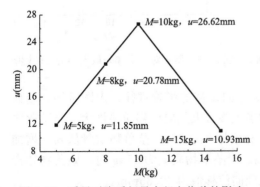
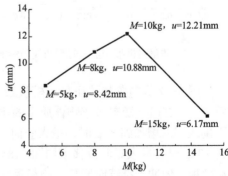

图 5.33　质量对脚手板最大竖向位移的影响　　图 5.34　质量对上层檩条最大竖向位移的影响

量从 8kg 增加到 10kg 时，最大竖向位移增加 12.22％。当坠落物质量为 15kg 时，坠落物体快速击穿脚手板，上层檩条最大竖向位移较小，值为 6.17mm。

T 形钢结构临时作业棚的防护木材选用模板时，改变坠落物体质量对其冲击性能的影响。图 5.35 为不同坠落物体质量下 T 形钢结构临时作业棚中模板的冲击力时程曲线，由图可知，随着坠落物体质量的增加，模板冲击力均在 0.00073s 左右达到最大值，故质量对模板冲击力达到最大值的时间几乎没有影响。坠落物体质量从 5kg 增加到 10kg 时，冲击力最大值增加 0.76％；从 10kg 增加到 15kg 时，冲击力增加 0.25％，因此模板冲击力随坠落物体质量增加而增大，但影响很小。坠落物体质量从 5kg 到 8kg 时，冲击过程持续时间从 0.00632s 增加到 0.00764s，延长了 20.9％；质量从 8kg 到 10kg 时，冲击过程持续时间从 0.00764s 增加到 0.01219s，冲击过程持续时间延长了 59.6％；质量从 10kg 到 15kg 时，冲击过程持续时间从 0.01219s 增加到 0.02352s，冲击过程持续时间延长了 92.95％；因此随着坠落物体质量增大，模板受冲击过程持续时间增加明显。

图 5.36 为坠落物体质量对上层檩条所受冲击力最大值的影响规律，由图可知，当模板未被击穿时，随着坠落物体质量的增加上层檩条承受的最大冲击力明显增大，当坠落物质量从 5kg 增加到 8kg 时，最大冲击力增加 47.14％；坠落物质量从 8kg 增加到 10kg 时，最大冲击力增加 20.22％。当坠落物质量为 15kg 时，坠落物体快速击穿模板，因此上层檩条承受冲击力较小。

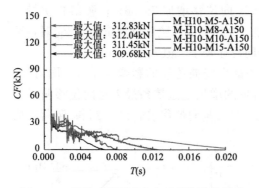

图 5.35　质量对模板冲击力时程曲线的影响

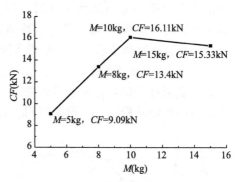

图 5.36　质量对上层檩条最大冲击力的影响

图 5.37 为坠落物体质量对模板最大竖向位移的影响规律，由图可知，当模板未被击穿时，随着坠落物体质量的增加模板最大竖向位移明显增大，当坠落物质量从 5kg 增加到 8kg 时，最大竖向位移增加 33.77％；坠落物质量从 8kg 增加到 10kg 时，最大竖向位移增加 35.48％。当坠落物质量为 15kg 时，坠落物体击穿模板，但冲击持续时间长，模板最大竖向位移值为 30.35mm。

图 5.38 为坠落物体质量对上层最大竖向位移的影响规律，由图可知，随着坠落

物体质量的增加上层檩条最大竖向位移明显增大，当坠落物质量从 5kg 增加到 8kg 时，最大竖向位移增加 43.81%；坠落物质量从 8kg 增加到 10kg 时，最大竖向位移增加 14.91%；坠落物质量从 10kg 增加到 15kg 时，最大竖向位移增加 11.24%。

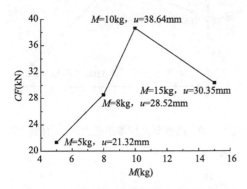 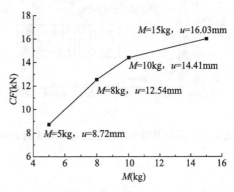

图 5.37　质量对模板最大竖向位移的影响　　　　图 5.38　质量对上层檩条最大竖向位移的影响

2. 坠落高度的影响

T 形钢结构临时作业棚的防护木材选用脚手板时，改变坠落高度对其冲击性能的影响。图 5.39 为不同坠落高度下 T 形钢结构临时作业棚中脚手板的冲击力时程曲线，由图可知，坠落高度为 5m 时，脚手板冲击力在 0.0010s 时达到最大值；坠落高度为 10m 时，脚手板冲击力在 0.00071s 时达到最大值；坠落高度为 15m 时，脚手板冲击力在 0.00058s 时达到最大值；因此坠落高度越高，脚手板冲击力达到最大值需要的时间越短。坠落高度从 5m 增加到 10m 时，冲击力最大值增加 40.64%；从 10kg 增加到 15kg 时，冲击力最大值增加 11.08%，因此脚手板冲击力最大值随着坠落高度增加而明显增大。坠落高度从 5m 到 10m 时，冲击过程持续时间从 0.0054s 增加到 0.0081s，冲击过程持续时间延长了 50%；质量为 15kg 时，坠落物体穿透脚手板，冲击过程持续时间极短。

图 5.40 为坠落高度对上层檩条所受冲击力最大值的影响规律，当坠落高度为 5～10m 时，脚手板未被击穿，且上层檩条最大冲击力随坠落高度增大而增大，由图可知，坠落高度从 5m 增加到 10m 时，上层檩条最大冲击力增加 9.14%；当坠落高度为 15m 时，坠落物体快速击穿脚手板，上层檩条最大冲击力较小，值为 15.36kN。

图 5.41 为坠落高度对脚手板最大竖向位移的影响规律，当坠落高度为 5～10m 时，脚手板未被击穿，脚手板最大竖向位移随坠落高度增大明显增大，由图可知，坠落高度从 5m 增加到 10m 时，脚手板最大竖向位移增加 122.02%；当坠落高度为 15m 时，坠落物体快速击穿脚手板，脚手板最大竖向位移较小，值为 8.53mm。

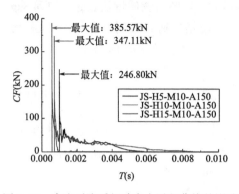

图 5.39　高度对脚手板冲击力时程曲线的影响

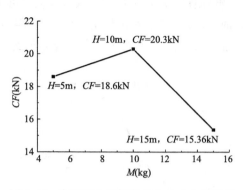

图 5.40　高度对上层檩条最大冲击力的影响

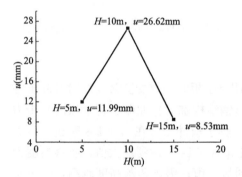

图 5.41　高度对脚手板最大竖向位移的影响

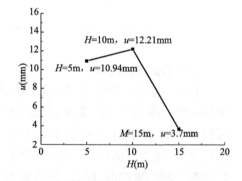

图 5.42　高度对上层檩条最大竖向位移的影响

图 5.42 为坠落高度对上层檩条最大竖向位移的影响规律，当坠落高度为 5～10m 时，脚手板未被击穿，上层檩条最大竖向位移随坠落高度增大而增大，由图可知，坠落高度从 5m 增加到 10m 时，脚手板最大竖向位移增加 11.61%；当坠落高度为 15m 时，坠落物体快速击穿脚手板，脚手板最大竖向位移较小，值为 3.7mm。

T 形钢结构临时作业棚的防护木材选用模板时，改变坠落高度对其冲击性能的影响。图 5.43 为不同坠落高度下 T 形钢结构临时作业棚中模板的冲击力时程曲线，由图可知，坠落高度为 5m 时，模板冲击力在 0.0010s 时达到最大值；坠落高度为 10m 时，模板冲击力在 0.00071s 时达到最大值；坠落高度为 15m 时，模板冲击力在 0.00058s 时达到最大值；因此坠落高度越高，模板冲击力达到最大值需要的时间越短。坠落高度从 5m 增加到 10m 时，冲击力最大值增加 35.55%；从 10kg 增加到 15kg 时，冲击力最大值增加 23.55%，因此脚手板冲击力最大值随着坠落高度增加而明显增大。坠落物体未穿透模板时，坠落高度从 5m 增加到 10m 时，冲击过程持续时间从 0.0083s 增加到 0.0115s，冲击过程持续时间延长了 38.55%；质量为 15m 时，坠落物体穿透模板，冲击过程持续时间较短，为 0.0053s。

图 5.44 为坠落高度对上层檩条所受冲击力最大值的影响规律，由图可知，坠落高度从 5m 增加到 10m 时，上层檩条最大冲击力增加 34.13%；坠落高度从 10m 增加到 15m 时，上层檩条最大冲击力增加 83.73%；因此，上层檩条最大冲击力随着坠落高度的增加明显增大。

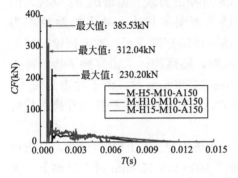

图 5.43 高度对模板冲击力时程曲线的影响

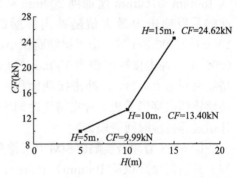

图 5.44 高度对上层檩条最大冲击力的影响

图 5.45 为坠落高度对模板最大竖向位移的影响规律，当坠落高度为 5～10m 时，模板未被击穿，模板最大竖向位移随坠落高度增大明显增大，由图可知，坠落高度从 5m 增加到 10m 时，脚手板最大竖向位移增加 60.67%；当坠落高度为 15m 时，坠落物体快速击穿脚手板，脚手板最大竖向位移值为 24.67mm。

图 5.46 为坠落高度对上层檩条最大竖向位移的影响规律，当坠落高度为 5～10m 时，模板未被击穿，上层檩条最大竖向位移随坠落高度增大而增大，由图可知，坠落高度从 5m 增加到 10m 时，脚手板最大竖向位移增加 32.57%；当坠落高度为 15m 时，坠落物体快速击穿脚手板，脚手板最大竖向位移值为 12.26mm。

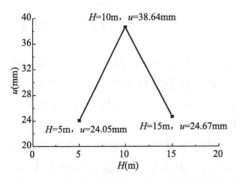

图 5.45 高度对模板最大竖向位移的影响

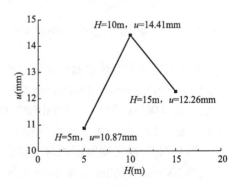

图 5.46 高度对上层檩条最大竖向位移的影响

3. 坠落物体与木材冲击接触面积的影响

T形钢结构临时作业棚的防护木材选用脚手板时，改变冲击接触面积对其冲击性能的影响。图 5.47 为不同冲击接触面积下 T 形钢结构临时作业棚中脚手板的冲击力时程曲线，由图可知，脚手板冲击力均在 0.00068s 左右达到冲击力最大值，故冲击接触面积对脚手板冲击力达到最大值的时间几乎没有影响。冲击接触面积从 100mm×100mm 增加到 150mm×150mm 时冲击力最大值增加 387％；从 150mm×150mm 增加到 200mm×200mm 时冲击力最大值增加 20.08％，因此脚手板冲击力最大值随冲击接触面积增大而明显增大。冲击接触面积为 100mm×100mm 时，由于接触面积小，坠落物体击穿脚手板，冲击持续时间为 0.0016s；冲击接触面积为 150mm×150mm 时，坠落物体未击穿脚手板，冲击持续时间为 0.0086s；冲击接触面积为 200mm×200mm 时，由于冲击力较大，坠落物体击穿脚手板，冲击持续时间为 0.0022s；因此当坠落物体击穿脚手板时冲击过程持续时间较短。

图 5.48 为冲击接触面积对上层檩条所受冲击力最大值的影响规律，由图可知，冲击接触面积从 100mm×100mm 增加到 150mm×150mm 时上层檩条最大冲击力增加 47.85％；从 150mm×150mm 增加到 200mm×200mm 时上层檩条最大冲击力增加 9.31％；因此上层檩条最大冲击力随冲击接触面积增大而增大。

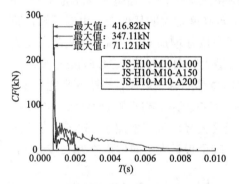

图 5.47　面积对脚手板冲击力时程曲线的影响

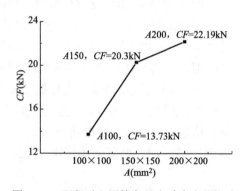

图 5.48　面积对上层檩条最大冲击力的影响

图 5.49 为冲击接触面积对脚手板最大竖向位移的影响规律，当冲击接触面积为 100mm×100mm 和 200mm×200mm 时，坠落物体快速将脚手板击穿，脚手板最大竖向位移较小；当冲击接触面积为 150mm×150mm 时，坠落物体未击穿脚手板，脚手板最大竖向位移较大，值为 26.62mm。

图 5.50 为冲击接触面积对上层檩条最大竖向位移的影响规律，当冲击接触面积为 100mm×100mm 和 200mm×200mm 时，坠落物体快速将脚手板击穿，上层檩条最大竖向位移较小；当冲击接触面积为 150mm×150mm 时，坠落物体未击穿脚手板，上层檩条最大竖向位移较大，值为 12.21mm。

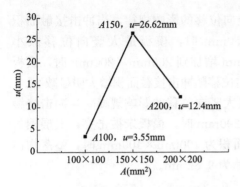
图 5.49 面积对脚手板最大竖向位移的影响

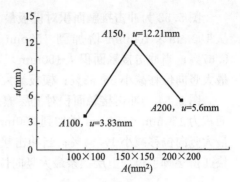
图 5.50 面积对上层檩条最大竖向位移的影响

T形钢结构临时作业棚的防护木材选用模板时，改变冲击接触面积对其冲击性能的影响。图 5.51 为不同冲击接触面积下 T 形钢结构临时作业棚中模板的冲击力时程曲线，由图可知，模板冲击力均在 0.0007s 左右达到冲击力最大值，故冲击接触面积对模板冲击力达到最大值的时间几乎没有影响。冲击接触面积从 100mm×100mm 增加到 150mm×150mm 时，冲击力最大值增加 111.3%；从 150mm×150mm 增加到 200mm×200mm 时，冲击力最大值增加 68.04%，因此模板冲击力最大值随冲击接触面积增大而明显增大。坠落物体未穿透模板时，冲击接触面积从 150mm×150mm 增加到 200mm×200mm 时，冲击过程持续时间从 0.0121s 缩短到 0.0081s，冲击过程持续时间缩短了 49.38%；冲击接触面积为 100mm×100mm 时，坠落物体穿透模板，冲击过程持续时间极短，为 0.0067s。

图 5.52 为冲击接触面积对上层檩条所受冲击力最大值的影响规律，当冲击接触面积为 100mm×100mm 增加到 200mm×200mm 时，上层檩条最大冲击力随冲击接触面积增大而增大，由图可知，冲击接触面积从 100mm×100mm 增加到 150mm×150mm 时上层檩条最大冲击力增加 52.45%；从 150mm×150mm 增加到 200mm×200mm 时上层檩条最大冲击力增加 83.73%；因此上层檩条最大冲击力随冲击接触面积增大而增大。

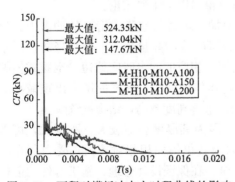

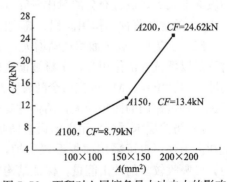

图 5.51 面积对模板冲击力时程曲线的影响　图 5.52 面积对上层檩条最大冲击力的影响

图 5.53 为冲击接触面积对模板最大竖向位移的影响规律，当冲击接触面积从 100mm×100mm 增加到 150mm×150mm 时，模板最大竖向位移减小 8.67%；当冲击接触面积从 150mm×150mm 增加到 200mm×200mm 时，模板最大竖向位移减小 56.63%；模板最大竖向位移随冲击接触面积增大明显减小。

图 5.54 为冲击接触面积对上层檩条最大竖向位移的影响规律，当冲击接触面积为 150mm×150mm 增加到 200mm×200mm 时，模板未被击穿，上层檩条最大竖向位移减小 17.54%；当冲击接触面积为 100mm×100mm 时，坠落物体快速击穿脚手板，上层檩条最大竖向位移值为 9.82mm。

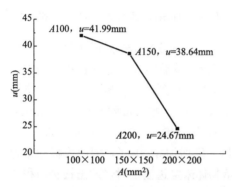

图 5.53 面积对模板最大竖向位移的影响

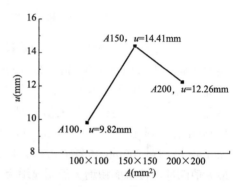

图 5.54 面积对上层檩条最大竖向位移的影响

5.8 本章小结

本章主要通过有限元软件分析了钢结构临时作业棚的抗冲击性能，分别考察了坠落物体质量、高度、坠落位置、木材种类与厚度对其抗冲击性能的影响，并分别对比了钢材、木材的 Mises 应力、冲击力时程曲线、位移时程曲线以及木材的破坏形式等。通过充分的对比研究分析，得出以下主要结论：

1）随着坠落物体作用面积、高度的增加，木材与空腹式桁架的冲击力、位移、Mises 应力、破坏面积逐渐增大，木材可吸收的能量越多，但是当防护层木材不足以抵抗冲击作用时，木材被彻底破坏，相应的冲击时间缩短，空腹式桁架的冲击力、位移、Mises 应力会随着坠落物体作用面积、高度的增大出现减小的现象。冲击作用的面积越大，结构越安全，坠落高度越高，结构越危险。

2）防护层木材可采用方木设置防护，因为其厚度相对较大，刚度大，可抵抗冲击力强；也可采用模板设置防护，因为其单体面积相对较大，受力分布均匀，可吸收较多的冲击能量，保证结构安全。在保证设计合理、施工方便的前提下，综合两者优势，采用厚度较大、面积较大的木板或将方木通过螺钉以等分间距连接于模板作为防护层，结构可抵抗的冲击效果会更加理想。

3）物体坠落在结构中部及结构边部时，由于结构刚度差别不大，结构应力应变及破坏形式、破坏面积等基本一致。

4）钢结构受力最大处的空腹式桁架在受到间接冲击作用后，变形相对较小，构件均未达到屈服强度，体系较为安全，为建筑施工现场钢结构临时作业棚的设计、施工提供一定的依据。

第 *6* 章

新型装配式钢结构临时作业棚的安装指南

6.1 构件的运输和堆放

6.1.1 构件运输

1）根据构件重量、尺寸以及施工现场具体情况，选择合适的运输车辆和装卸机械。

2）构件在运输时要固定牢靠，避免在运输中途倾倒，或在道路转弯处由于车速过高被甩出。

3）根据路面情况掌握行车速度，道路拐弯时须降低车速。

4）构件进场时应按临时作业棚的布置图所示的位置堆放，避免二次倒运。

6.1.2 现场堆放基本要求

构件的现场布置是否合理，对提高吊装效率、保证吊装质量及减少二次搬运都有密切关系。因此，构件的布置也是吊装的重要环节之一。其原则是：

1）尽可能布置在起重范围内，以免二次搬运。

2）重型构件靠近起重机布置，中小型则布置在重型构件外侧。

3）构件布置地点应与吊装就位的位置相配合，尽量减少吊装时起重机移动的转动和变幅。

4）构件层叠预装时，应满足安装顺序要求，先吊装的底层构件在上，后吊装的上层构件在下。

因此，将立柱、横梁、横向框架、纵向框架等主要构件运至施工现场后，按顺序堆放在临时堆场上。临时堆放场地应设置在起重设备（塔吊或汽车吊）吊重的作业半径内。堆放场地应压实平整。堆放处应保持干燥、通风，构件下部应用木桩垫起来，上部应用苫布盖严实。

6.2　装配式钢结构临时作业棚的施工

6.2.1　组织管理措施

1）临时作业棚应满足施工组织设计的总体要求，坚持先批后建的原则，未经批准不得施工。

2）根据现场文明创建的要求及相关规定，首先向监理单位上报临时作业棚的设计方案，设计方案应附说明、平面布置图等资料。经监理审核后，方可实施。

3）施工单位应严格按照批准的临时作业棚方案施工，监理单位要严格按照批准的临时作业棚方案监理，确保临时作业棚的功能满足施工需要。

4）临时作业棚区域应硬化地面，确保平整、坚实。

6.2.2　安全控制措施

1）严格执行国家颁布的相关施工技术安全标准、规范。

2）施工人员进入临时作业棚的施工现场前先进行入场安全教育，经考核合格后上岗。

3）所有施工人员进入临时作业棚的施工现场内，必须按照安全生产规章制度和劳动用品使用规则，正确佩戴和使用劳动保护产品。

4）机械操作人员必须持证上岗，不得将机械设备交给无操作证的人员操作。

5）雷雨天气不得作业。雨后作业时，应及时清扫构件表面积水，现场施工人员一律穿防滑的橡胶鞋。

6）各构件起吊时构件应水平或者垂直，禁止斜吊。

6.2.3　质量控制措施

1）临时作业棚严格按照图纸进行施工，尺寸等根据现场进行校对。

2）构件安装时，必须检查连接质量，安装的螺栓应立即完成紧固，保证各连接节点处安全可靠。

6.2.4　节能环保技术措施

1）施工应符合国家绿色施工的标准，实现经济效益、社会效益和环境效益的统一。应根据因地制宜的原则，贯彻执行国家、行业和省市现行有关规范和相关技术经济政策，实现绿色施工。

2) 应选用低噪声设备和性能完好的构件装配起吊机械进行施工，机械、设备应定期维护保养。应选用功率与负载相匹配的施工机械设备，大功率施工机械设备不得低负载长时间运行。合理安排构件起吊，减少起吊量，降低施工机械设备的能耗。

3) 预制构件运输过程中，应保持车辆的整洁，防止对道路的污染，减少道路扬尘。

6.3　装配式钢结构临时作业棚施工工艺流程及方法

6.3.1　施工工艺流程

场地平整、硬化→测量放线→安装立柱→安装横梁→安装立柱与横梁间斜撑→安装下层檩条→安装立柱与下层檩条间斜撑→安装纵向框架→安装横向框架→铺设彩钢板→铺设上层檩条→铺设防护木材→悬挂安全标语。

6.3.2　施工方法

1. 场地平整、硬化

1) 清除树根等，用推土机在平整好的场地上进行碾压。

2) 在碾压好的场地上按照设计图明确临时作业棚的位置，并做好标记。

3) 场地硬化采用 C20 混凝土，采用混凝土罐车运输，混凝土基础厚度为20mm，浇筑完覆盖塑料薄膜养护。

2. 测量放线

1) 根据施工图确定临时作业棚的中轴线，从而确定立柱的位置，每两根立柱的间距为 3m。

2) 在混凝土基础上做出立柱安装的十字中心线，以便于立柱就位。

3. 安装立柱（图 6.1）

1) 立柱的底部在工厂时预先焊接连接板，连接板上预留锚栓孔。

2) 将立柱运至安装位置，吊装立柱前检查立柱的吊点，并且检查钢丝绳、吊具是否存在缺陷及安全隐患，确认无误后开始捆扎和吊装。

3) 进行试吊，检查索具的牢固性、吊车的稳定性。

4) 将立柱吊起，首先将钢柱就位，并将柱底的四面中心线与基础轴线对齐，然后将螺栓穿过连接板的螺

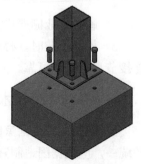

图 6.1　立柱安装图

栓孔打入混凝土基础中，随后拧紧螺栓，确定安全后摘除吊钩，从而完成立柱与硬化场地的固定连接。

4. 安装横梁（图6.2）

1）使用起吊机将横梁吊起，保证起吊后钢梁平稳，保持水平，以便于安装。

2）横梁上预留螺栓孔，与立柱顶部的连接板通过螺栓进行连接。

5. 安装立柱与横梁间斜撑（图6.3）

1）在立柱左、右侧面上距离柱顶端一定距离处的位置预留螺栓孔，横梁上距离横梁中轴线两侧相同距离的一定位置处预留螺栓孔，斜撑两边焊接钢连接板，连接板上预留螺栓孔。

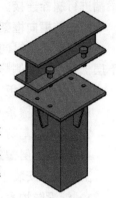

图6.2　横梁安装图

2）先将两侧斜撑与立柱通过对拉螺栓连接固定于立柱上，然后将斜撑另一侧钢连接板通过螺栓与横梁完成连接。

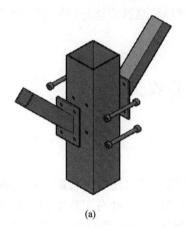
(a)

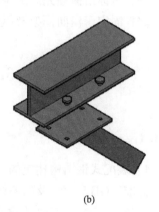
(b)

图6.3　斜撑安装图

（a）立柱与斜撑连接处；（b）斜撑与斜撑连接处

6. 安装下层檩条

下层檩条上预留螺栓孔，直接将下层檩条铺设于横梁上，然后通过横梁预留的螺栓孔进行螺栓连接。

7. 安装立柱与下层檩条间斜撑

1）在立柱前、后侧面上距离柱顶端一定距离处的位置预留螺栓孔，下层檩条上预留螺栓孔。

2）先将两侧斜撑与立柱通过对拉螺栓连接固定于立柱上，然后将斜撑另一侧钢连接板通过螺栓与下层檩条完成连接。

8. 安装纵向框架

纵向框架底部的两端与边缘中间部位焊接钢连接板，通过钢连接板与横梁的梁端进行螺栓连接。

9. 安装横向框架

横向框架及纵向框架的两侧边缘处均焊接有相同尺寸连接板，横向框架搭在下层檩条上，两侧与纵向框架进行螺栓连接完成其安装。

10. 铺设彩钢板

1）在下层檩条上铺设彩钢板，彩钢板上预留孔，与下层檩条进行螺栓连接。

2）采用丁基防水密封胶带粘贴在横向框架和彩钢板连接的位置。

11. 铺设上层檩条

上层檩条安装于横向框架上方，通过螺栓进行上层檩条与横向框架的连接。

12. 铺设防护木材

将防护木材绑扎固定于围护结构、横向框架和纵向框架上。

13. 悬挂安全标语

将安全标语横幅先固定于简单钢框架上，然后将悬挂安全标语的钢框架通过铁丝绑扎固定于横向框架及纵向框架上。

6.4 质量与验收

6.4.1 一般规定

1）装配式钢结构建筑的验收应符合现行国家标准《建筑工程施工质量验收统一标准》GB 50300 及相关标准的规定。当国家现行标准对工程中的验收项目未作具体规定时，应由建设单位组织设计、施工、监理等相关单位制定验收要求。

2）同一厂家生产的同批材料、部品，用于同期施工且属于同一工程项目的多个单位工程，可合并进行进场验收。

3）部品部件应符合国家现行有关标准的规定，并应具有产品标准、出厂检验合格证、质量保证书和使用说明文件书。

6.4.2 结构系统验收

1）钢结构、组合结构的施工质量要求和验收标准应按现行国家标准《钢结构工程施工质量验收规范》GB 50205、《钢管混凝土工程施工质量验收规范》GB 50628 和《混凝土结构工程施工质量验收规范》GB 50204 的有关规定执行。

2）钢结构主体工程焊接工程验收应按现行国家标准《钢结构工程施工质量验收规范》GB 50205 的有关规定，在焊前检验、焊中检验和焊后检验基础上按设计文件和现行国家标准《钢结构焊接规范》GB 50661 的规定执行。

3）钢结构主体工程紧固件连接工程应按现行国家标准《钢结构工程施工质量验收规范》GB 50205 规定的质量验收方法和质量验收项目执行，同时尚应符合现行行业标准《钢结构高强度螺栓连接技术规程》JGJ 82 的规定。

4）钢结构防腐蚀涂装工程应按国家现行标准《钢结构工程施工质量验收规范》GB 50205、《建筑防腐蚀工程施工规范》GB 50212、《建筑防腐蚀工程施工质量验收规范》GB 50224 和《建筑钢结构防腐蚀技术规程》JGJ/T 251 的规定进行验收；金属热喷涂防腐和热镀锌防腐工程，应按现行国家标准《热喷涂 金属和其他无机覆盖层 锌、铝及其合金》GB/T 9793 和《热喷涂金属件表面预处理通则》GB 11373 等有关规定进行质量验收。

6.5　拆除与回收

临时加工棚的拆除应符合现行行业标准《建筑拆除工程安全技术规范》JGJ 147 的规定。

1）临时建筑的拆除应遵循"谁安装、谁拆除"的原则；当出现可能危及临时建筑整体稳定的不安全情况时，应遵循"先加固、后拆除"的原则。

2）拆除施工前，施工单位应编制拆除施工方案、安全操作规程及采取相关的防尘降噪、堆放、清除废弃物等措施，并应按规定程序进行审批，对作业人员进行技术交底。

3）临时建筑拆除前，应做好拆除范围内的断水、断电、断燃气等工作。拆除过程中，现场用电不得使用被拆临时建筑中的配电线。

4）临时建筑的拆除应符合环保要求，拆下的建筑材料和建筑垃圾应及时清理。楼面、操作平台不得集中堆放建筑材料和建筑垃圾。建筑垃圾宜按规定清运，不得在施工现场焚烧。

5）拆除区周围应设立围栏、挂警告牌，并应派专人监护，严禁无关人员逗留。当遇到五级以上大风、大雾和雨雪等恶劣天气时，不得进行临时建筑的拆除作业。

6）拆除高度在 2m 及以上的临时建筑时，作业人员应在专门搭设的脚手架上或稳固的结构部位上操作，严禁作业人员站在被拆墙体、构件上作业。

7）临时建筑拆除后，场地宜及时清理干净。当没有特殊要求时，地面宜恢复原貌。

6.6 本章小结

本章主要阐述了新型装配式钢结构临时作业棚的安装技术，其中包括：

1）构件的运输和堆放。

2）给出了施工时的具体措施，有组织管理措施、安全控制措施、质量控制措施以及节能环保措施。

3）详细地说明了临时作业棚的施工工艺流程，并且给出了具体的施工方法。

4）对安装后的质量验收给出了相关的规定和依据。

5）施工结束后，临时作业棚的拆除与回收也提供了相应的说明。

■ 附　录 ■

临时作业棚设计实例

附1　构件选型验算

通过结构力学求解器按照沈阳 50 年一遇雪荷载（雪荷载标准值为 0.5kN/m²）、构件自重及边界条件，荷载先均匀分布在横向空腹式桁架上，然后由内向外分级传递给各构件节点，最后对其进行强度及刚度的验算，确保结构安全可靠，荷载传递计算过程不再一一计算列举。现根据结构力学求解器得出的各主要构件节点处力的大小、变形等数值，对构件选型及节点连接进行计算、校核，具体计算过程及结果如下：

1. 横向空腹式桁架

横向空腹式桁架由若干截面 50mm×50mm×2mm 冷弯薄壁方钢管焊接而成，其方钢管截面面积为 3.67cm²，惯性矩 I_x 为 13.71cm⁴，弯曲截面系数 W_x 为 5.48cm³，抗拉刚度 EA 为 75602kN，抗弯刚度 EA 为 28.2426 kN·m²，通过结构力学求解可得构件中最大弯矩、轴力、剪力、挠度分别为 0.73kN·m、3.29kN、3.57kN、7.35mm。分别通过弯矩、轴力、剪力进行强度校核：

$$W_x = \frac{M}{[\sigma]} \tag{附1.1}$$

$$\sigma = \frac{F}{A} \tag{附1.2}$$

$$\tau = \frac{3}{2} \times \frac{F_s}{A} \tag{附1.3}$$

代入数据求得：W_x 为 4.29cm³，小于已知构件 5.48cm³，满足要求。σ 为 8.96MPa，远小于 Q235 钢材的许用应力 $[\sigma] = 170$MPa，满足要求。τ 为 14.59MPa，远小于 Q235 钢材的许用应力 $[\tau] = 100$MPa，满足要求。构件最大挠度为 7.35mm，小于桁架挠度许可值 $l/200 = 28.5$mm，满足要求。

经验算横向空腹式桁架的强度、刚度均满足要求，并具有一定的安全储备。

2. 纵向空腹式桁架

纵向空腹式桁架由若干截面 50mm×50mm×2mm、90mm×50mm×2mm 冷弯薄壁方钢管焊接而成，其方钢管截面面积分别为 3.67cm²、5.34cm²，惯性

109

矩 I_x 分别为 13.71cm^4、57.88cm^4，弯曲截面系数 W_x 分别为 5.48cm^3、12.86cm^3，抗拉刚度 EA 分别为 75602kN、110004kN，抗弯刚度 EA 分别为 28.2426kN·m^2、119.2328kN·m^2，通过结构力学求解可求得构件中最大弯矩、轴力、剪力、挠度分别为 1.34kN·m（大截面杆件）、0.77kN·m（小截面杆件）、5.70kN（小截面杆件）、3.01kN（小截面杆件）、4.53mm。

分别通过弯矩、轴力、剪力进行强度校核，代入数据求得：W_{x1} 为 4.53cm^3，小于已知构件 5.48cm^3，满足要求；W_{x2} 为 7.88cm^3，小于已知构件 12.86cm^3，满足要求。σ 为 15.53MPa，远小于 Q235 钢材的许用应力 $[\sigma]=$ 170MPa，满足要求。τ 为 12.30MPa，远小于 Q235 钢材的许用应力 $[\tau]=$ 100MPa，满足要求。构件最大挠度为 4.53mm，小于桁架挠度许可值 $l/200=$ 28.5mm，满足要求。

经验算横向空腹式桁架的强度、刚度均满足要求，并具有一定的安全储备。

3. 檩条

檩条截面为 90mm×50mm×2mm 矩形钢管，其截面面积为 5.34cm^2；惯性矩 I_y 为 23.37cm^4，弯曲界面系数 W_y 为 9.35cm^3，抗拉刚度 EA 为 110004kN，抗弯刚度 EI 为 48.1422kN·m^2。通过结构力学求解可得构件中最大弯矩、轴力、剪力、挠度分别为 0.4kN·m、0kN、0.6kN、0.7mm。分别通过弯矩、轴力、剪力进行强度校核，代入数据求得：W_y 为 2.35cm^3，小于 9.35cm^3，满足要求。τ 为 1.68MPa，远小于 Q235 钢材许用应力 $[\tau]=$ 100MPa，满足要求。构件最大挠度为 0.7mm，小于檩条挠度许可值 $l/150=$ 26.6mm，满足要求。

经验算横向空腹式桁架的强度、刚度均满足要求，并具有一定的安全储备。

4. 一榀框架

一榀框架包含双拼工字钢梁、方钢管立柱、斜撑三种主要构件，双拼工字钢梁由两个截面为 100mm×50mm×15mm×2.5mm 的 C 形卷边槽钢组成，单肢截面面积为 5.23cm^2，方钢管立柱截面为 11.25cm^2，斜撑截面面积为 3.67cm^2；惯性矩 I_x 分别为 81.34cm^4、173.12cm^4、13.71cm^4，弯曲截面系数 W_x 分别为 16.27cm^3、34.62cm^3、5.48cm^3，抗拉刚度 EA 分别为 107738kN、231750kN、75602kN，抗弯刚度 EI 分别为 167.5604kN·m^2、178.3136kN·m^2、28.2426kN·m^2，通过结构力学求解可求得构件中最大弯矩分别为 1.13kN·m、3.73kN·m、0.26kN·m，最大轴力分别为 8.48kN、8.26kN、12.24kN，最大剪力分别为 0.56kN、4.06kN、0.32kN，不考虑斜撑挠度变化，双拼梁与立柱的最大挠度分别为 6.09mm、4.96mm。

　　分别通过弯矩、轴力、剪力进行强度校核，代入数据求得：W_{x1} 为 6.647cm³，小于已知构件 32.54cm³，满足要求；W_{x2} 为 21.94cm³，小于已知构件 34.62cm³，满足要求；W_{x3} 为 1.53cm³，小于已知构件 5.48cm³，满足要求。σ 分别为 8.11MPa、7.34MPa、33.35MPa，远小于 Q235 钢材的许用应力 $[\sigma] = 170MPa$，满足要求。τ 分别为 0.30MPa、5.41MPa、1.31MPa，远小于 Q235 钢材的许用应力 $[\tau] = 100MPa$，满足要求。双拼梁最大挠度为 6.09mm，小于楼面梁挠度许可值 $l/200 = 20mm$，满足要求。立柱最大挠度为 4.96mm，小于柱挠度许可值 $l/250 = 8mm$，满足要求。

　　经验算一榀框架中构件的强度、刚度均满足要求，并具有一定的安全储备。

附 2　节点构造与强度设计

1. 节点连接尺寸与构造

　　新型钢结构临时作业棚体系中主要包含的节点有：柱脚节点、梁柱节点、斜撑节点、纵横向空腹式桁架连接节点、纵向空腹式桁架与梁连接节点，各节点详图见附图 2.1～附图 2.6，其中除端板、加劲肋、连接板采用普通 Q235 钢外，其余构件均采用 Q235 冷弯薄壁型钢。

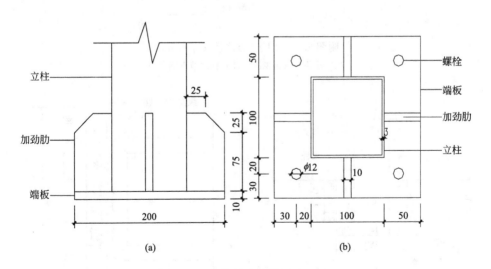

附图 2.1　柱脚节点连接尺寸（mm）

(a) 柱脚节点侧视图；(b) 柱脚节点俯视图

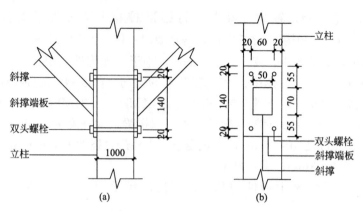

附图 2.2　斜撑节点连接尺寸（mm）

（a）斜撑节点正视图；（b）斜撑节点侧视图

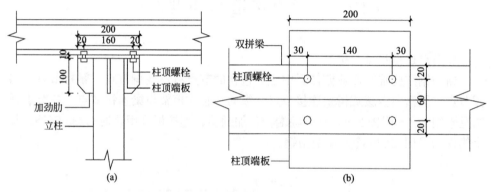

附图 2.3　柱顶节点连接尺寸（mm）

（a）柱顶节点正视图；（b）柱顶节点侧视图

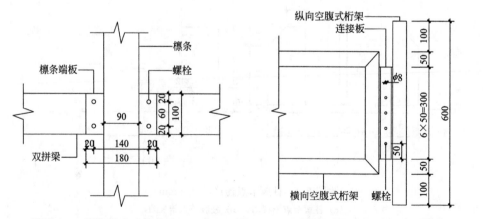

附图 2.4　檩条节点连接尺寸（mm）　　附图 2.5　纵横向空腹式桁架节点连接尺寸（mm）

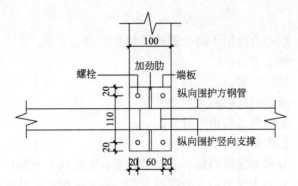

附图 2.6 纵向空腹式桁架与双拼梁节点连接尺寸（mm）

2. 螺栓连接强度设计

由于临时作业棚采用标准化、模数化、定型化的设计，要具有易拼接组装、重复使用等功能，其所有构件均在工厂提前预制完成，施工现场无焊接连接，完全通过螺栓将其拼接组装为一个整体，结构中涉及的螺栓连接相对较多。因此，为保证临时作业棚中各主要节点的连接受力可靠安全，需要对连接处的螺栓一一进行选型验算。在附 1 节中已对主要构件的选型进行了强度及刚度的验算，但是在结构力学求解器中无法实现螺栓连接及构造的设计，仅能够通过建立合适的边界约束进行等效计算。因此，本小节将根据结构力学求解器求得的各个边界节点处的剪力、弯矩等数值，结合各节点的连接尺寸对螺栓节点连接进行强度设计。

1）纵横向空腹式桁架螺栓节点板连接

根据附 1 节求出的纵横向空腹式桁架节点连接处的弯矩 M、剪力 F 分别为 1.29kN·m、3.55kN，其计算简图如附图 2.7 所示。

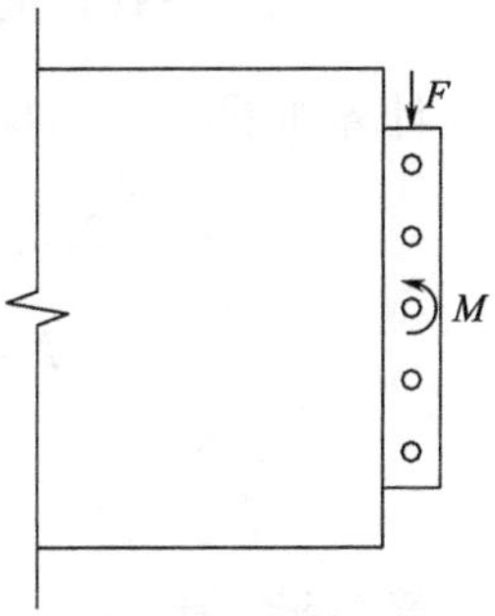

附图 2.7 纵横向空腹式桁架螺栓节点计算简图

从计算简图可以看出，节点等同于轴心受剪力 F 和扭矩 T 的联合作用，通过下式确定螺栓规格：

$$N_{1F} = \frac{F}{n} \tag{附 2.1}$$

$$N_{1Tx} = \frac{T \cdot y_1}{\sum x_i^2 + \sum y_i^2} \tag{附 2.2}$$

$$N_{1Ty} = \frac{T \cdot x_1}{\sum x_i^2 + \sum y_i^2} \tag{附 2.3}$$

$$N_{1T} = \sqrt{N_{1Tx}^2 + (N_{1Ty} + N_{1F})^2} \tag{附 2.4}$$

$$N_v^b = n_v \frac{\pi d^2}{4} f_v^b \tag{附 2.5}$$

$$N_c^b = d \sum t \cdot f_c^b \qquad\qquad (附 2.6)$$

式中　　N_{1F}——轴心力作用下每个螺栓平均受力；

　　　　F——轴心剪力；

　　　　n——螺栓个数；

　　　　N_{1T}——扭矩引起的最大剪力；

　　　　N_{1Tx}——最大剪力的水平分力；

　　　　N_{1Ty}——最大剪力的垂直分力；

$\sum x_i^2$、$\sum y_i^2$——分别为螺栓到形心的水平、垂直距离的平方和；

　　x_1、y_1——分别为受力最大处螺栓至形心的水平距离、垂直距离；

　　　　N_v^b——每个螺栓的受剪承载力设计值；

　　　　N_c^b——每个螺栓的承压承载力设计值；

　　　　n_v——受剪面数目；

　　　　d——螺栓杆直径；

　　　　$\sum t$——不同受力方向中，同一受力方向承压构件总厚度的较小值；

　　　　f_v^b——螺栓的抗剪强度；

　　　　f_c^b——螺栓的承压强度。

计算如下：
$$N_{1F} = \frac{F}{n} = \frac{3.55}{5} = 0.71 \text{kN}$$

$$\sum x_i^2 + \sum y_i^2 = 0 + (2 \times 6^2 + 2 \times 12^2) = 360 \text{cm}^2$$

$$N_{1Tx} = \frac{T y_1}{\sum x_i^2 + \sum y_i^2} = \frac{1.29 \times 12}{360} = 4.3 \text{kN}$$

$$N_{1T} = \sqrt{N_{1Tx}^2 + N_{1F}^2} = 4.36 \text{kN}$$

受剪所需直径：
$$d_v \geqslant \sqrt{\frac{4 N_{1T}}{\pi n_v f_v^b}} = \sqrt{\frac{4 \times 4.36 \times 10^3}{3.14 \times 1 \times 140}} = 6.30 \text{mm}$$

承压所需直径：
$$d_c \geqslant \sqrt{\frac{N_{1T}}{\sum t \cdot f_c^b}} = \frac{4.36 \times 10^3}{3 \times 305} = 4.77 \text{mm}$$

故取 $d = 8$mm 的 C 级螺栓可满足强度要求，图中螺栓排列构造大于中距 $3d = 24$mm，边距 $2d = 16$mm，符合构造要求。

2) 纵向空腹式桁架与双拼 C 形工字钢梁螺栓节点连接

根据附 1 节求出的纵向空腹式桁架与双拼 C 形工字钢梁节点连接处的弯矩 M、剪力 F 分别为 0.52kN·m、0.2kN，其计算简图如附图 2.8 所示。

从计算简图可以看出，节点等同于轴心受剪力 F 和弯矩 T 的联合作用，通过下式确定螺栓规格：

$$N_1 = N e' y_1' / \sum y_1'^2 \qquad\qquad (附 2.7)$$

$$N_v = \frac{V}{n} \qquad\qquad (附 2.8)$$

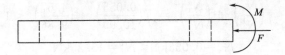

附图 2.8　纵向空腹式桁架与双拼 C 形工字钢梁螺栓节点计算简图

$$N_t^b = A_e \cdot f_t^b \qquad\qquad (\text{附} 2.9)$$

$$N_v^b = n_v \frac{\pi d^2}{4} f_v^b \qquad\qquad (\text{附} 2.10)$$

$$N_c^b = d \sum t \cdot f_c^b \qquad\qquad (\text{附} 2.11)$$

$$\sqrt{\left(\frac{N_v}{N_v^b}\right)^2 + \left(\frac{N_t}{N_t^b}\right)^2} \leqslant 1 \qquad\qquad (\text{附} 2.12)$$

$$N_v \leqslant N_c^b \qquad\qquad (\text{附} 2.13)$$

式中　N_1——最上排螺栓受拉力的最大值；

Ne'——最上排螺栓承受弯矩；

y_1'——最上排螺栓至最下排螺栓距离；

N_v、N_t——螺栓所承受的剪力和拉力设计值；

V——轴心剪力；

n——螺栓个数；

N_t^b、N_v^b——每个螺栓的螺杆抗拉和抗剪承载力设计值；

N_c^b——每个螺栓的孔壁承压承载力设计值；

n_v——受剪面数目；

d——螺栓杆直径；

$\sum t$——不同受力方向中，同一受力方向承压构件总厚度的较小值；

f_v^b——螺栓的抗剪强度；

f_c^b——螺栓的承压强度。

计算如下：

$$N_1 = Ne'y_1'/\sum y_1'^2 = \frac{0.56 \times 6}{2 \times 6^2} = 4.67 \text{kN}$$

$$N_v = \frac{V}{n} = \frac{0.22}{4} = 0.055 \text{kN}$$

试用 M10C 级螺栓，其有效面积 A_e 约为 58mm^2。

$$N_t^b = A_e \cdot f_t^b = 58 \times 170 = 9.86 \text{kN}$$

$$N_v^b = n_v \cdot \frac{\pi d^2}{4} \cdot f_v^b = 1 \times \frac{3.14 \times 10^2}{4} \times 140 = 10.99 \text{kN}$$

$$N_c^b = d \sum t \cdot f_c^b = 10 \times 5 \times 305 = 15.25 \text{kN}$$

$$\sqrt{\left(\frac{N_{\mathrm{v}}}{N_{\mathrm{v}}^{\mathrm{b}}}\right)^2 + \left(\frac{N_{\mathrm{t}}}{N_{\mathrm{t}}^{\mathrm{b}}}\right)^2} = \sqrt{\left(\frac{0.055}{10.99}\right)^2 + \left(\frac{4.67}{9.86}\right)^2} < 1$$

$$N_{\mathrm{v}} = 0.055\mathrm{kN} < N_{\mathrm{c}}^{\mathrm{b}} = 15.25\mathrm{kN}$$

故所选螺栓满足强度要求。

3）梁柱节点连接

根据附 1 节求出的檩条节点连接处的弯矩 M、剪力 F 分别为 0.45kN・m、4.06kN，其计算简图如附图 2.9 所示。

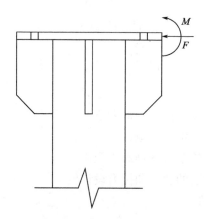

附图 2.9　梁柱节点计算简图

$$N_1 = N e' y_1' / \sum y_1'^2 = \frac{0.45 \times 14}{2 \times 14^2} = 1.61\mathrm{kN}$$

$$N_{\mathrm{v}} = \frac{V}{n} = \frac{4.06}{4} = 1.015\mathrm{kN}$$

试选用 M12C 级螺栓，其有效面积 A_{e} 约为 84mm²。

$$N_{\mathrm{t}}^{\mathrm{b}} = A_{\mathrm{e}} \cdot f_{\mathrm{t}}^{\mathrm{b}} = 84 \times 170 = 14.28\mathrm{kN}$$

$$N_{\mathrm{v}}^{\mathrm{b}} = n_{\mathrm{v}} \cdot \frac{\pi d^2}{4} \cdot f_{\mathrm{v}}^{\mathrm{b}} = 1 \times \frac{3.14 \times 12^2}{4} \times 140 = 15.72\mathrm{kN}$$

$$N_{\mathrm{c}}^{\mathrm{b}} = d \sum t \cdot f_{\mathrm{c}}^{\mathrm{b}} = 12 \times 10 \times 305 = 36.60\mathrm{kN}$$

$$\sqrt{\left(\frac{N_{\mathrm{v}}}{N_{\mathrm{v}}^{\mathrm{b}}}\right)^2 + \left(\frac{N_{\mathrm{t}}}{N_{\mathrm{t}}^{\mathrm{b}}}\right)^2} = \sqrt{\left(\frac{1.015}{15.72}\right)^2 + \left(\frac{1.61}{14.28}\right)^2} < 1$$

$$N_{\mathrm{v}} = 1.015\mathrm{kN} < N_{\mathrm{c}}^{\mathrm{b}} = 36.60\mathrm{kN}$$

故所选螺栓满足强度要求。

4）檩条节点连接

根据附 1 节求出的檩条节点连接处的弯矩 M、剪力 F 分别为 0.4kN・m、0.6kN，其计算简图如附图 2.10 所示。

确定螺栓规格计算方法同纵向空腹式桁架与双拼 C 形工字钢梁螺栓节点连

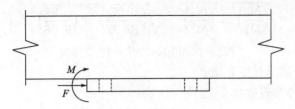

附图 2.10 檩条节点计算简图

接，计算如下：

$$N_1 = Ne'y_1'/\sum y_1'^2 = \frac{0.4 \times 6}{2 \times 6^2} = 3.33\text{kN}$$

$$N_v = \frac{V}{n} = \frac{0.6}{4} = 0.15\text{kN}$$

试选用 M10C 级螺栓，其有效面积 A_e 约为 48mm^2。

$$N_t^b = A_e \cdot f_t^b = 48 \times 170 = 8.16\text{kN}$$

$$N_v^b = n_v \cdot \frac{\pi d^2}{4} \cdot f_v^b = 1 \times \frac{3.14 \times 10^2}{4} \times 140 = 10.99\text{kN}$$

$$N_c^b = d\sum t \cdot f_c^b = 10 \times 5 \times 305 = 15.25\text{kN}$$

$$\sqrt{\left(\frac{N_v}{N_v^b}\right)^2 + \left(\frac{N_t}{N_t^b}\right)^2} = \sqrt{\left(\frac{0.15}{10.99}\right)^2 + \left(\frac{3.33}{8.16}\right)^2} < 1$$

$$N_v = 0.15\text{kN} < N_c^b = 15.25\text{kN}$$

故所选螺栓满足强度要求。

5) 斜撑节点连接

根据附 1 节求出的斜撑节点连接处的弯矩 M、剪力 F 分别为 $0.26\text{kN} \cdot \text{m}$、$0.32\text{kN}$，其计算简图如附图 2.11 所示。

确定螺栓规格计算方法同纵向空腹式桁架与双拼 C 形工字钢梁螺栓节点连接，计算如下：

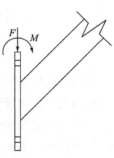

附图 2.11 斜撑节点
计算简图

$$N_1 = Ne'y_1'/\sum y_1'^2 = \frac{0.26 \times 14}{2 \times 14^2} = 0.93\text{kN}$$

$$N_v = \frac{V}{n} = \frac{0.32}{4} = 0.08\text{kN}$$

试选用 M10C 级螺栓，其有效面积 A_e 约为 58mm^2。

$$N_t^b = A_e \cdot f_t^b = 58 \times 170 = 9.86\text{kN}$$

$$N_v^b = n_v \cdot \frac{\pi d^2}{4} \cdot f_v^b = 1 \times \frac{3.14 \times 10^2}{4} \times 140 = 10.99\text{kN}$$

$$N_c^b = d\sum t \cdot f_c^b = 10 \times 5 \times 305 = 15.25\text{kN}$$

$$\sqrt{\left(\frac{N_v}{N_v^b}\right)^2 + \left(\frac{N_t}{N_t^b}\right)^2} = \sqrt{\left(\frac{0.08}{10.99}\right)^2 + \left(\frac{0.93}{9.86}\right)^2} < 1$$

$$N_v = 0.08\text{kN} < N_c^b = 15.25\text{kN}$$

故所选螺栓满足强度要求。

6）柱脚螺栓节点连接

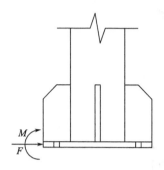

附图 2.12 柱脚节点计算简图

根据附 1 节求出的柱脚节点连接处的弯矩 M、剪力 F 分别为 3.07kN·m、3.4kN，其计算简图如附图 2.12 所示。

确定螺栓规格计算方法同纵向空腹式桁架与双拼 C 形工字钢梁螺栓节点连接，计算如下：

$$N_1 = Ne'y_1'/\sum y_1'^2 = \frac{3.07 \times 14}{2 \times 14^2} = 10.96\text{kN}$$

$$N_v = \frac{V}{n} = \frac{3.4}{4} = 0.85\text{kN}$$

试选用 M12C 级螺栓，其有效面积 A_e 约为 84mm²。

$$N_t^b = A_e \cdot f_t^b = 84 \times 170 = 14.28\text{kN}$$

$$N_v^b = n_v \cdot \frac{\pi d^2}{4} \cdot f_v^b = 1 \times \frac{3.14 \times 12^2}{4} \times 140 = 15.72\text{kN}$$

$$N_c^b = d\sum t \cdot f_c^b = 12 \times 10 \times 305 = 36.60\text{kN}$$

$$\sqrt{\left(\frac{N_v}{N_v^b}\right)^2 + \left(\frac{N_t}{N_t^b}\right)^2} = \sqrt{\left(\frac{0.85}{15.72}\right)^2 + \left(\frac{10.96}{14.28}\right)^2} < 1$$

$$N_v = 0.85\text{kN} < N_c^b = 36.60\text{kN}$$

故所选螺栓满足强度要求。

3. 焊缝连接强度设计

临时作业棚结构中焊缝形式都由角焊缝构成，角焊缝按其与作用力的关系可分为以下几种：第一，焊缝长度方向与作用力平行的侧面角焊缝；第二，焊缝长度与作用力方向垂直的正面角焊缝；第三，倾斜于作用力方向的斜向角焊缝。按其截面形式可分为两种，即直角角焊缝和斜角角焊缝。焊缝主要集中在各节点端板与构件连接处、纵横向空腹式桁架内部杆件的节点连接处。在工厂对构件进行预加工时，以上节点连接的角焊缝都为直角角焊缝，无斜角角焊缝。为满足实际受力要求，保证结构安全，本小节主要对直角角焊缝的进行强度设计。

1）纵横向空腹式桁架节点连接板焊缝强度设计

纵横向空腹式桁架节点连接板焊缝属于直角角焊缝，连接板尺寸为 300mm×50mm×3mm，焊缝长度 300mm，焊脚尺寸 h_f 为 3mm。由于焊缝不是轴心受力，故需要把外力的作用分解为轴力、弯矩、扭矩、剪力等简单受力情况，分别按照式（附2.14）、式（附2.15）、式（附2.16）求出各自的焊缝应力，然后利用叠加原理，找出焊缝中受力最大的几个点，再利用式（附2.17）进行验算。

$$\sigma_N = \frac{N_x}{A_e} = \frac{N_x}{2h_e l_w} \qquad (\text{附}2.14)$$

$$\sigma_M = \frac{M}{W_e} = \frac{6M}{2h_e l_w^2} \qquad (\text{附}2.15)$$

$$\tau_f = \frac{N_y}{A_e} = \frac{N_y}{2h_e l_w} \qquad (\text{附}2.16)$$

$$\sqrt{\left(\frac{\sigma_f}{\beta_f}\right)^2 + \tau_f^2} \leqslant f_f^w \qquad (\text{附}2.17)$$

式中　　N_x——轴心力；

$\quad\quad\quad N_y$——剪力；

$\quad\quad\quad M$——弯矩；

σ_N、σ_M、τ_f——分别为轴心力、剪力、弯矩产生的应力；

$\quad\quad\quad \sigma_f$——σ_N、σ_M叠加后的应力；

A_e、W_e——分别为焊缝的有效面积、抗弯曲截面系数；

$\quad\quad\quad h_e$——垂直角焊缝的有效厚度，取$0.7h_f$；

$\quad\quad\quad l_w$——焊缝计算长度，考虑起灭弧缺陷，按各条焊缝的实际长度减去$2h_f$计算；

$\quad\quad\quad f_f^w$——Q235钢焊缝强度设计值；

$\quad\quad\quad \beta_f$——正面角焊缝的强度增大系数，$\beta_f = \sqrt{\dfrac{3}{2}} = 1.22$。

根据上节结构力学求解器的计算结果，得出节点连接板焊缝主要承受扭矩1.29kN·m、剪力3.55kN。根据以上公式计算可得：

$$\sigma_M = \frac{M}{W_e} = \frac{6M}{2h_e l_w^2} = \frac{6 \times 1.29}{2 \times 0.7 \times 3 \times 180^2} = 56.88\text{N/mm}^2$$

$$\tau_f = \frac{N_y}{A_e} = \frac{N_y}{2h_e l_w} = \frac{3.55}{2 \times 0.7 \times 3 \times 180} = 4.70\text{N/mm}^2$$

$$\sqrt{\left(\frac{\sigma_f}{\beta_f}\right)^2 + \tau_f^2} = \sqrt{\left(\frac{56.88}{1.22}\right)^2 + 4.70^2} = 46.86\text{N/mm}^2 \leqslant f_f^w = 160\text{N/mm}^2$$

故焊缝强度满足要求。

2) 纵向空腹式桁架连接板焊缝强度设计

对于连接板与构件之间的焊接，都采用的是围焊。假设与剪力平行的焊缝只承受剪力，按公式（附2.18）计算。另一双面角焊缝则承担全部弯矩，并将弯矩化为一对水平力H，按公式（附2.19）、式（附2.20）计算。两对焊缝长度均为 50mm，焊脚尺寸 h_f 为 3mm。

$$\tau_f = \frac{V}{2h_{e2}l_{w2}} \leqslant f_f^w \qquad \text{（附 2.18）}$$

$$H = \frac{M}{h_1} \qquad \text{（附 2.19）}$$

$$\sigma_f = \frac{H}{\sum h_{e1}l_{w1}} \leqslant \beta_f f_f^w \qquad \text{（附 2.20）}$$

式中　V、M——分别为剪力、弯矩；

　　　　h_1——纵向空腹式桁架下部方钢管截面宽度；

　　　　τ_f、σ_f——分别为剪力、弯矩产生的应力；

　　　　$\sum h_{e1}l_{w1}$——与剪力方向平行的角焊缝的有效截面积之和；

　　　　$2h_{e2}l_{w2}$——承受弯矩作用的两条焊缝的有效截面积；

　　　　f_f^w——Q235 钢焊缝强度设计值；

　　　　β_f——正面角焊缝的强度增大系数，$\beta_f = \sqrt{\dfrac{3}{2}} = 1.22$。

根据上节结构力学求解器的计算结果，得出纵向空腹式桁架与双拼 C 形梁节点连接板焊缝主要承受弯矩 0.52kN·m、剪力 0.20kN。根据以上公式计算可得：

$$\tau_f = \frac{V}{2h_{e2}l_{w2}} = \frac{0.20}{2 \times 0.7 \times 3 \times 50} = 0.95 \leqslant f_f^w = 160\text{N/mm}^2$$

$$H = \frac{M}{h_1} = \frac{0.5}{50} = 10.0\text{kN}$$

$$\sigma_f = \frac{H}{\sum h_{e1}l_{w1}} = \frac{10}{0.7 \times 3 \times 50} = 95.24\text{N/mm}^2 \leqslant \beta_f f_t^w = 195.20\text{N/mm}^2$$

故焊缝强度满足要求。

3）柱顶连接板焊缝强度设计

计算方法同纵向空腹式桁架连接板焊缝强度设计相同，两对焊缝长度均为 100mm，焊脚尺寸 h_f 为 3mm。根据上节结构力学求解器的计算结果，得出柱顶连接板焊缝主要承受弯矩 0.45kN·m、剪力 4.06kN。代入以上公式计算可得：

$$\tau_f = \frac{V}{2h_{e2}l_{w2}} = \frac{4.06}{2 \times 0.7 \times 3 \times 100} = 9.67\text{N/mm}^2 \leqslant f_f^w = 160\text{N/mm}^2$$

$$H = \frac{M}{h_1} = \frac{0.45}{100} = 4.5\text{kN}$$

$$\sigma_f = \frac{H}{\sum h_{e1}l_{w1}} = \frac{4.5}{0.7 \times 3 \times 100} = 21.43\text{N/mm}^2 \leqslant \beta_f f_t^w = 195.20\text{N/mm}^2$$

故焊缝强度满足要求。

4）檩条连接板焊缝强度设计

计算方法同纵向空腹式桁架连接板焊缝强度设计相同，承受剪力的焊缝长度为 100mm，承受弯矩的焊缝长度为 90mm，焊脚尺寸 h_f 均为 3mm。根据上节结构力学求解器的计算结果，得出檩条连接板焊缝主要承受弯矩 0.40kN·m、剪力 0.60kN。代入以上公式计算可得：

$$\tau_f = \frac{V}{2h_{e2}l_{w2}} = \frac{0.60}{2 \times 0.7 \times 3 \times 100} = 1.43\text{N/mm}^2 \leqslant f_f^w = 160\text{N/mm}^2$$

$$H = \frac{M}{h_1} = \frac{0.40}{90} = 4.44\text{kN}$$

$$\sigma_f = \frac{H}{\sum h_{e1}l_{w1}} = \frac{4.44}{0.7 \times 3 \times 90} = 23.51\text{N/mm}^2 \leqslant \beta_f f_f^w = 195.20\text{N/mm}^2$$

故焊缝强度满足要求。

5）斜撑连接板焊缝强度设计

计算方法同纵向空腹式桁架连接板焊缝强度设计相同，承受剪力的焊缝长度为 70mm，承受弯矩的焊缝长度为 50mm，焊脚尺寸 h_f 均为 3mm。根据上节结构力学求解器的计算结果，得出斜撑连接板焊缝主要承受弯矩 0.26kN·m、剪力 0.32kN。代入以上公式计算可得：

$$\tau_f = \frac{V}{2h_{e2}l_{w2}} = \frac{0.32}{2 \times 0.7 \times 3 \times 70} = 1.09\text{N/mm}^2 \leqslant f_f^w = 160\text{N/mm}^2$$

$$H = \frac{M}{h_1} = \frac{0.26}{50} = 5.20\text{kN}$$

$$\sigma_f = \frac{H}{\sum h_{e1}l_{w1}} = \frac{5.20\text{kN}}{0.7 \times 3 \times 50} = 49.52\text{N/mm}^2 \leqslant \beta_f f_t^w = 195.20\text{N/mm}^2$$

故焊缝强度满足要求。

6）柱底连接板焊缝强度设计

计算方法同纵向空腹式桁架连接板焊缝强度设计相同，两对焊缝长度均为 100mm，焊脚尺寸 h_f 为 3mm。根据上节结构力学求解器的计算结果，得出柱底连接板焊缝主要承受弯矩 3.07kN·m、剪力 3.40kN。代入以上公式计算可得：

$$\tau_f = \frac{V}{2h_{e2}l_{w2}} = \frac{3.40}{2 \times 0.7 \times 3 \times 100} = 8.10\text{N/mm}^2 \leqslant f_f^w = 160\text{N/mm}^2$$

$$H = \frac{M}{h_1} = \frac{3.07}{100} = 30.70\text{kN}$$

$$\sigma_f = \frac{H}{\sum h_{e1}l_{w1}} = \frac{30.70}{0.7 \times 3 \times 100} = 146.19\text{N/mm}^2 \leqslant \beta_f f_t^w = 195.20\text{N/mm}^2$$

故焊缝强度满足要求。

7）纵横向空腹式桁架焊缝强度设计

计算方法同纵向空腹式桁架连接板焊缝强度设计相同，两对焊缝长度均为 50mm，焊脚尺寸 h_f 为 3mm。根据上节结构力学求解器的计算结果，得出纵横向空腹式桁架焊缝受力最大处，出现在横向空腹式桁架上，承受的最大弯矩 0.72kN·m、最大剪力 3.57kN，该焊缝处为最不利的组合节点，验算其焊缝强度。

$$\tau_f = \frac{V}{2h_{e2}l_{w2}} = \frac{3.57}{2 \times 0.7 \times 3 \times 100} = 8.50\text{N/mm}^2 \leqslant f_f^w = 160\text{N/mm}^2$$

$$H = \frac{M}{h_1} = \frac{0.72}{50} = 14.40\text{kN}$$

$$\sigma_f = \frac{H}{\sum h_{e1}l_{w1}} = \frac{14.40\text{kN}}{0.7 \times 3 \times 50} = 137.14\text{N/mm}^2 \leqslant \beta_f f_t^w = 195.20\text{N/mm}^2$$

故焊缝强度满足要求。

附3　T形钢结构临时作业棚构件设计

　　临时作业棚在建筑施工的使用过程中主要承受雪荷载及风荷载的作用，临时作业棚承受的雪荷载及风荷载标准值可采用《建筑结构荷载规范》GB 50009—2012 中的计算公式进行计算。以沈阳地区为例，通过沈阳地区的基本雪压和基本风压计算得出的雪荷载标准值和风荷载标准值对结构各主要构件的截面尺寸与结构连接节点进行设计；临时作业棚属于对雪荷载及风荷载比较敏感的敞开式轻钢结构，因此计算时基本雪压及基本风压的取值应适当提高，采用 100 年重现期的雪压及风压[103]。风荷载下的结构体形系数在《门式刚架轻型房屋钢结构技术规范》GB 51022—2015[105]中给出。T形钢结构临时作业棚在雪荷载作用下示意图如附图 3.1 所示。

附图 3.1　雪荷载示意图

屋面水平投影面上的雪荷载标准值按下式计算：

$$s_k = \mu_r s_0 \tag{附3.1}$$

式中　s_k——雪荷载标准值（kN/m²）；

　　　μ_r——屋面积雪分布系数；

　　　s_0——基本雪压（kN/m²）。

　　查规范可知，沈阳市 100 年重现期的基本雪压为 $s_0 = 0.55\text{kN/m}^2$，屋面积雪分布系数 $\mu_r = 1.0$，故雪荷载标准值 $s_k = 0.55\text{kN/m}^2$。

临时作业棚中直接承受风荷载的是上部围护结构，围护结构的风荷载标准值按下式计算：

$$w_k = \beta_{gz} \mu_{sl} \mu_z w_0 \qquad\qquad （附 3.2）$$

式中　w_k——风荷载标准值（kN/m^2）；

$\quad\quad\ \beta_{gz}$——高度 z 处的阵风系数；

$\quad\quad\ \mu_{sl}$——风荷载局部体型系数；

$\quad\quad\ \mu_z$——风压高度变化系数；

$\quad\quad\ w_0$——基本风压（kN/m^2）。

沈阳市属于有密集建筑区的城市市区，故地面粗糙类别为 C 类；T 形钢结构临时作业棚结构高度为 4m，故风压高度变化系数 $\mu_z = 0.65$，$\beta_{gz} = 2.05$；沈阳市 100 年的基本风压 $w_0 = 0.6 kN/m^2$。

临时作业棚属于敞开式轻钢结构，承受的风荷载可能来自于 x 轴方向或 z 轴方向，此时临时作业棚的风荷载局部体型系数 μ_{sl} 取值如附图 3.2 所示。

通过计算得到 T 形钢结构临时作业棚的风荷载标准值 $w_k = 0.6 kN/m^2$。

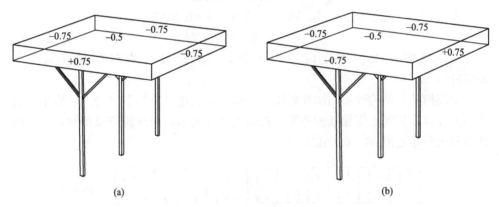

附图 3.2　风荷载体形系数
（a）x 轴方向风荷载体系系数；（b）z 轴方向风荷载体形系数

1. 上层檩条设计

T 形钢结构临时作业棚一般选用施工现场易获取的脚手板或者木模板作为上部防护木材，查规范可知，脚手板自重标准值为 $0.35 kN/m^2$，木模板自重标准值为 $0.3 kN/m^2$，故在进行 T 形钢结构临时作业棚中结构构件截面的选取时选用脚手板的自重标准值进行设计。上层檩条沿长度方向搭设于横向框架上，上层檩条承受上部脚手板自重及雪荷载的共同作用，因此上层檩条设计荷载标准值取为 $0.9 kN/m^2$。

T 形钢结构临时作业棚结构中上层檩条沿横向方向均匀布置，其长度为 6m，各上层檩条截面中心之间距离分为 0.9m 和 0.95m 两种。进行上层檩条截面设计时将上层檩条简化成连续简支梁，承受的上部荷载形式为均布荷载，此时横向框架相当于铰支座，铰支座之间距离为 2.975m。

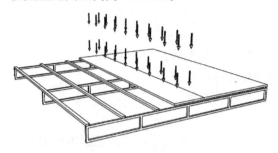

附图 3.3　雪荷载与防护木材自重的荷载分布

雪荷载与上层的抗冲击材料的荷载分布如附图 3.3 所示，可以得到上层檩条承担上层荷载的情况，上层檩条承受的均布荷载共有如下计算过程所示的三种情况：

$$q=0.9\times0.95=0.855\mathrm{kN/m}$$
$$q=0.9/2\times0.95+0.9/2\times0.9=0.8325\mathrm{kN/m}$$
$$q=0.9\times0.9=0.81\mathrm{kN/m}$$

取三者中较大值作为设计均布荷载，因此设计均布荷载取为 $q=0.855\mathrm{kN/m}$。

上层檩条的结构计算简图如附图 3.4 所示，通过计算简图进行上层檩条所受弯矩的计算，得到上层檩条的弯矩图如附图 3.5 所示，由计算结果可知，上层檩条的最大负弯矩值 $M=0.95\mathrm{kN\cdot m}$。

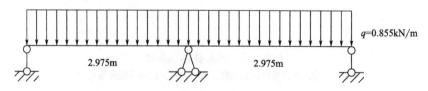

附图 3.4　上部荷载下上层檩条结构计算简图

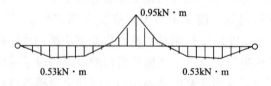

附图 3.5　上部荷载下上层檩条弯矩图

查阅《钢结构设计标准》GB 50017—2017 可知，受弯构件的应力条件需满足下式：

$$\sigma = \frac{M}{\gamma \cdot W} \leqslant f \qquad\qquad (附3.3)$$

式中　γ——截面塑性发展系数；

　　　f——抗拉、抗压、抗弯强度设计值。

当截面形式为矩形截面时，$\gamma_x = \gamma_y = 1.05$，Q235 钢材的强度设计值 $f = 215\text{N/mm}^2$。

因此，上层檩条 y 方向的截面模量需满足下式：

$$W_y \geqslant \frac{M}{\gamma \cdot f} = \frac{0.95 \times 10^6}{1.05 \times 215} = 4208.19\text{mm}^3 = 4.028\text{cm}^3$$

上层檩条材料选取冷弯薄壁矩形钢管，根据其在 y 方向的截面模量选取上层檩条的截面尺寸如附图 3.6 所示。选用的冷弯薄壁矩形钢管 x 方向的惯性矩 $I_x = 36.05\text{cm}^4$，截面模量 $W_x = 14.42\text{cm}^3$；y 方向的惯性矩 $I_x = 106.45\text{cm}^4$，截面模量 $W_y = 21.29\text{cm}^3$，截面形式满足要求。上层檩条的质量为 6.6kg/m，故自重为 0.066kN/m。

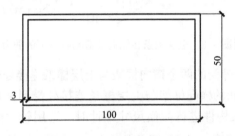

附图 3.6　上层檩条截面尺寸

由于作为受弯构件的上层檩条跨度为 3m，跨度较大，需要考虑其承受上部荷载及自重时自身产生的挠度，受弯构件的挠度容许值规格表中规定此类轻钢结构中檩条的挠度限值要求如式（附 3.4）所示，式中 l 为受弯构件的长度。经计算得到上层檩条在承受雪荷载及其自重时挠度值 $\upsilon = 12.02\text{mm}$，故上层檩条满足挠度限值要求。

$$\upsilon \leqslant \frac{l}{200} \qquad\qquad (附3.4)$$

因此，上层檩条截面尺寸设计合理。

2. 横向框架设计

T 形钢结构临时作业棚结构中，上层檩条承担的均布荷载与上层檩条的自重两者共同作用时上层檩条的剪力，在上层檩条与横向框架搭设位置处传递至横向框架，对横向框架产生集中力。横向框架搭设在下层檩条上，其下部的下层檩条相当于铰支座；横向框架与纵向框架通过在两种框架的两侧边缘处均焊接连接板，连接板上预留螺栓孔，进行螺栓连接，故计算时将横向框架与纵向框架的连接视作固定端，即把横向框架两侧边界条件简化为刚接，此时可省略横向框架两侧边缘处下层檩条简化的铰支座。

上层檩条承受的上部荷载与上层檩条自重共同作用的均布荷载设计值为 $q_2 = q_1 + 0.066 = 0.921 \text{kN/m}$，此时其结构计算简图如附图 3.7 所示，通过计算可得到上层檩条的剪力图如附图 3.8 所示。

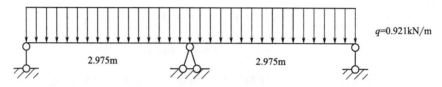

附图 3.7　上层檩条在上部荷载与自重下的结构计算简图

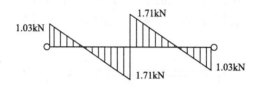

附图 3.8　上层檩条在纵向荷载与自重下的剪力图

由剪力图可知，外侧的两个横向框架与上层檩条连接处受到来自上部传递的剪力为 1.03kN，中间的横向框架与上层檩条连接处受到来自上部传递的剪力为 3.42kN，对横向框架构件进行截面尺寸设计时，选用较大值即上部传递剪力为 3.42kN 的情况进行设计。

横向框架受上部荷载计算简图如附图 3.9 所示；通过计算得到横向框架的弯矩图如附图 3.10 所示，由图可知，横向框架承受的最大弯矩值为 0.75kN·m。横向框架是采用冷弯薄壁方钢管作为杆件在工厂焊接为一个整体运输到施工现场进行安装，查得冷弯薄壁方钢管的截面塑性发展系数 $\gamma_x = \gamma_y = 1.05$。

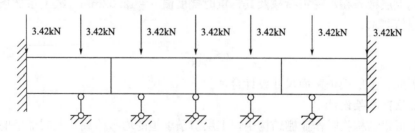

附图 3.9　纵向荷载下横向框架结构计算简图

横向框架选取的冷弯薄壁方钢管的截面模量需满足下式：

$$W_y \geqslant \frac{M}{\gamma \cdot f} = \frac{0.75 \times 10^6}{1.05 \times 215} = 3322.26 \text{mm}^3 = 3.322 \text{cm}^3$$

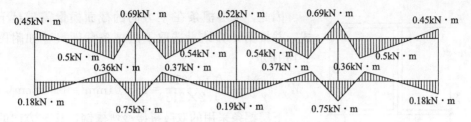

附图 3.10　纵向荷载下横向框架弯矩图

通过其在 y 方向的截面模量选取横向框架内杆件的截面尺寸如附图 3.11 所示，其惯性矩 $I=13.71\mathrm{cm}^4$，截面模量 $W=5.48\mathrm{cm}^3$，每米长质量为 $2.88\mathrm{kg/m}$。纵向框架也选用与横向框架相同截面尺寸的冷弯薄壁方钢管。

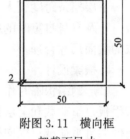

附图 3.11　横向框架截面尺寸

3. 下层檩条设计

T 形钢结构临时作业棚结构中，下层檩条沿横向方向均匀铺设于横梁上，下层檩条作用在于将上部结构的荷载传递至横梁，但仅承受彩钢板的重量。彩钢板的板型选用压型钢板，厚度为 $0.5\mathrm{mm}$，其自重荷载标准值为 $0.03925\mathrm{kN/m}^2$。

进行下层檩条截面尺寸设计时，将下层檩条简化成连续简支梁，承受来自彩钢板的均布荷载，将下层檩条下方与之相连接的横梁视作铰支座，铰支座之间距离为 $2.95\mathrm{m}$。下层檩条截面中心之间距离均为 $0.94\mathrm{m}$，所以下层檩条的设计荷载为 $q=0.0369\mathrm{kN/m}$。

下层檩条的计算简图如附图 3.12 所示，通过计算可得到下层檩条的弯矩图如附图 3.13 所示，由图可知，下层檩条承受的最大负弯矩值为 $0.04\mathrm{kN\cdot m}$。下层檩条选用双肢拼接冷弯槽钢，其截面塑性发展系数 $\gamma_x=\gamma_y=1.2$。

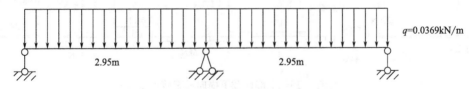

附图 3.12　彩钢板荷载下下层檩条结构计算简图

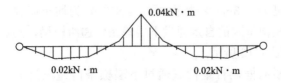

附图 3.13　彩钢板荷载下下层檩条弯矩图

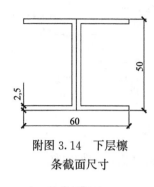

附图 3.14　下层檩条截面尺寸

因此，下层檩条在 y 方向的截面模量需满足下式，并根据计算结果选取下层檩条截面尺寸如附图 3.14 所示。

$$W_y \geq \frac{M}{\gamma \cdot f} = \frac{0.04 \times 10^6}{1.2 \times 215} = 155.04\,\text{mm}^3 = 0.155\,\text{cm}^3$$

下层檩条采用的双肢拼接冷弯槽钢，其 x 方向的惯性矩 $I_x = 20.73\,\text{cm}^4$，截面模量 $W_x = 8.3\,\text{cm}^3$，y 方向的惯性矩 $I_y = 9.05\,\text{cm}^4$，截面模量 $W_y = 3.02\,\text{cm}^3$，每米长质量为 $1.972 \times 2 = 3.944\,\text{kg}$。

下层檩条跨度较大，故需要验算其挠度，经计算得到下层檩条在承受压型钢板自重及自身自重时的挠度 $v = 1.31\,\text{mm}$，满足挠度限值要求。因此下层檩条选取的截面尺寸合理。

4. 横梁设计

T 形钢结构临时作业棚结构中横梁承受来自上部结构的荷载包括：雪荷载、脚手板自重荷载和上层檩条自重荷载三者通过横向框架共同传递至横梁的力；横向框架自重荷载；纵向框架自重荷载；彩钢板自重荷载通过下层檩条传递至横梁的力；下层檩条自重荷载。

雪荷载、脚手板自重荷载和上层檩条自重荷载三者通过横向框架传递至横梁的力如附图 3.15 所示，由图可知三者通过横向框架传递给横梁的力为 $F_1 = 0.57 + 0.98 = 1.55\,\text{kN}$，$F_2 = 0.57 + 2.25 = 2.82\,\text{kN}$，$F_3 = 2.44 + 0.6 = 3.04\,\text{kN}$，$F_4 = 0.6 + 0.6 = 1.2\,\text{kN}$，$F_5 = 2.44 + 0.6 = 3.04\,\text{kN}$，$F_5 = 0.57 + 2.25 = 2.82\,\text{kN}$，$F_6 = 0.57 + 2.25 = 2.82\,\text{kN}$，$F_7 = 0.57 + 0.98 = 1.55\,\text{kN}$。

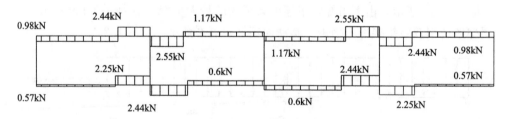

附图 3.15　上部荷载下横向框架剪力图

横向框架每米长的质量为 $2.88\,\text{kg/m}$，其长度为 5.7m，高度为 0.4m，横向框架内立杆的高度为 0.3m。将横向框架自重等效为均布荷载，其下部的下层檩条视作铰支座，横向框架的自重通过下层檩条传递给横梁，其通过下层檩条向横梁传递的力如附图 3.16 所示。

由图可知，横向框架自重荷载通过下层檩条传递至梁的力：$F_1 = 0.02\,\text{kN}$，$F_2 = 0.03 + 0.04 = 0.07\,\text{kN}$，$F_3 = 0.03 + 0.03 = 0.06\,\text{kN}$，$F_4 = 0.03 + 0.03 =$

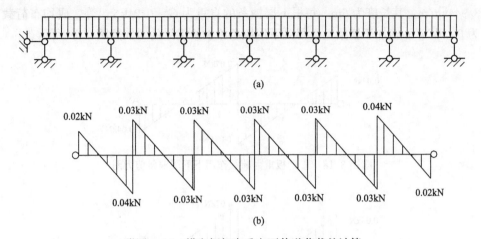

附图 3.16 横向框架自重向下传递荷载的计算

(a) 横向框架自重荷载下的结构计算简图；(b) 横向框架自重荷载作用下剪力图

$0.06kN$，$F_5 = 0.03 + 0.03 = 0.06kN$，$F_6 = 0.03 + 0.04 = 0.07kN$，$F_7 = 0.02kN$。

纵向框架每米长的质量为 $2.88kg/m$，其长度为 $6m$，高度为 $0.6m$，纵向框架内立杆高度为 $0.5m$。将纵向框架自重等效为均布荷载，其下方的横梁相当于铰支座，纵向框架传递至横梁的梁端的力如附图 3.17 所示。由剪力图可知，设计时选取传递至横梁的梁端的较大力，即选取纵向框架传递给中间横梁的力 $F = 0.26kN$。

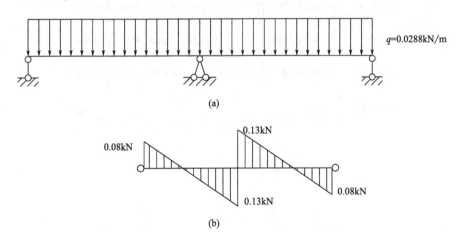

附图 3.17 纵向框架自重荷载向下传递荷载的计算

(a) 纵向框架自重荷载下的结构计算简图；(b) 纵向框架自重荷载作用下剪力图

彩钢板自重荷载通过下层檩条传递至横梁的梁端的力如附图 3.18 所示。由剪力图可知，设计时选取彩钢板传递给横梁的力 $F = 0.14kN$。由剪力图可知，设计时选取下层檩条自重施加给横梁的力 $F = 0.14kN$。下层檩条每米长的质量为

3.944kg/m，其长度为 6m，每根下层檩条的自重为 $G=0.24$kN，等效成均布荷载为 0.04kN/m 施加于横梁上，得到下层檩条施加给横梁的力如附图 3.19 所示。

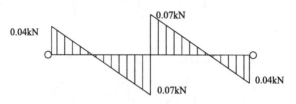

附图 3.18　彩钢板重力荷载作用下下层檩条剪力图

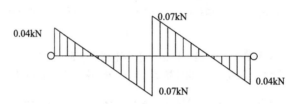

附图 3.19　下层檩条剪力图

通过以上的计算可以得到下部结构的受力简图如附图 3.20 所示，由计算得到

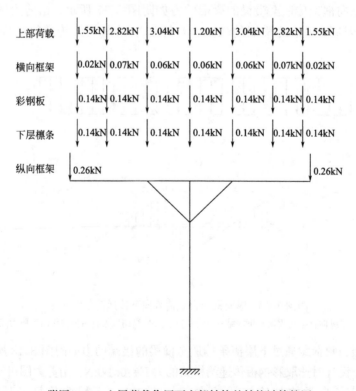

附图 3.20　上层荷载作用下底部结构的结构计算简图

横梁的弯矩图如附图 3.21 所示，由图可知横梁承受的最大负弯矩 $M=6.66\text{kN}\cdot\text{m}$。横梁采用 H 型钢，其截面塑性发展系数 $\gamma_x=\gamma_y=1.2$。根据抗弯强度要求，横梁 y 方向的截面模量需满足 $W_y\geqslant\dfrac{M}{\gamma\cdot f}=\dfrac{6.66\times10^6\text{N}\cdot\text{mm}}{1.2\times215\text{N/mm}^2}=25814\text{ mm}^3=25.8\text{cm}^3$，根据截面模量选取横梁的截面尺寸如附图 3.22 所示。横梁采用的 H 型钢，其 x 方向的惯性矩 $I_x=383\text{cm}^4$，截面模量 $W_x=76.5\text{cm}^3$，y 方向的惯性矩 $I_y=134\text{cm}^4$，截面模量 $W_y=26.7\text{cm}^3$。每米长的质量为 17.2kg。

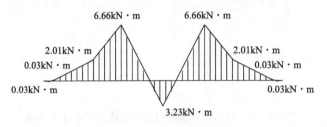

附图 3.21 横梁弯矩图

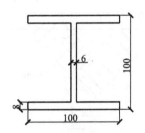

附图 3.22 横梁截面尺寸

5. 斜撑设计

斜撑采用冷弯薄壁方钢管，选用与横向框架及纵向框架相同的截面尺寸，因此其截面面积 $A=3.67\text{cm}^2$。

立柱及斜撑共同承受上部荷载及横梁的自重荷载，计算简图如附图 3.23 所示，通过计算得到立柱及斜撑轴力图如附图 3.24 所示。

斜撑的轴向压应力需满足下式：

$$\sigma=\frac{N}{A}\leqslant f \tag{附3.5}$$

式中 N——斜撑承受的轴力；

A——斜撑截面面积；

f——抗拉、抗压、抗弯强度设计值。

斜撑的轴向压应力计算如下式所示，通过计算可知斜撑的截面尺寸满足设计要求。

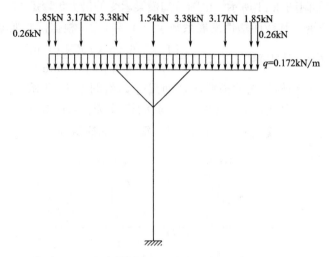

附图 3.23　考虑横梁自重时底部结构的结构计算简图

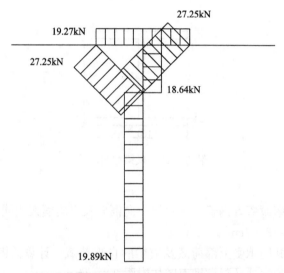

附图 3.24　考虑横梁自重时底部结构轴力图

$$\sigma = \frac{N}{A} = \frac{27.25 \times 10^3}{367} = 74.25 \text{N/mm}^2 \leqslant f = 215 \text{N/mm}^2$$

6. 立柱设计

立柱的轴向压应力需满足式（附 3.5），因此立柱的截面面积需满足 $A \geqslant \dfrac{N}{f} = \dfrac{18.86 \times 10^3}{215} = 87.72 \text{mm}^2$。

T形钢结构临时作业棚结构中，立柱在承受上部荷载的作用的同时需要承受侧向的风荷载的作用。立柱在结构中负责承担来自侧向的风荷载，侧向风荷载对三根立柱产生的最大作用力是作用在中间立柱上。横向框架只是传递风力，将横向框架视为一个刚体；此时重力荷载属于有利荷载，故忽略上部结构的自重对立柱的作用。因此T形钢结构临时作业棚结构在侧向风荷载的作用下的计算简图如附图 3.25 所示。

通过计算得到立柱的弯矩图如附图 3.26 所示，由图可知，立柱柱脚处承受的弯矩为 9.34kN·m。因此，立柱的截面模量需满足下式。立柱选取冷弯薄壁方钢管，其截面尺寸如附图 3.27 所示，立柱采用的冷弯薄壁方钢管的截面面积 $A=13.65\mathrm{cm}^2$，满足设计要求。

$$W_y \geq \frac{M}{\gamma \cdot f} = \frac{9.43 \times 10^6}{1.05 \times 215} = 41771.9\mathrm{mm}^3 = 41.77\mathrm{cm}^3$$

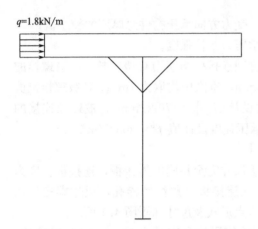

附图 3.25 临时作业棚结构计算简图

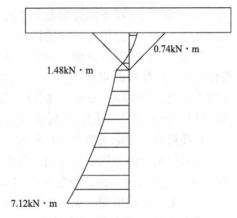

附图 3.26 立柱弯矩图

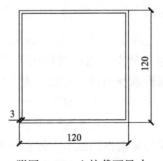

附图 3.27 立柱截面尺寸

附 4　T 形钢结构临时作业棚连接节点设计

单个普通螺栓的受剪承载力设计值：

$$N_v^b = \frac{\pi}{4} d^2 n_v f_v^b \qquad\qquad (\text{附 4.1})$$

单个普通螺栓的承压承载力设计值：

$$N_c^b = d \sum t f_c^b \qquad\qquad (\text{附 4.2})$$

单个普通螺栓的受拉承载力设计值：

$$N_t^b = A_e f_t^b \qquad\qquad (\text{附 4.3})$$

式中　　　d——螺栓杆直径；

　　　　n_v——受剪面数目；

　　　　$\sum t$——在不同受力方向中同一受力方向承压构件总厚度的较小值；

f_v^b、f_c^b、f_t^b——分别为螺栓的抗剪、承压、受拉强度。

T 形钢结构临时作业棚结构中各部件间连接处均使用 C 级螺栓，C 级螺栓的螺栓孔径比螺栓杆的直径约大 1.0～1.5mm，本文中均取为 1mm。C 级螺栓抗剪强度设计值 $f_v^b = 140\text{N/mm}^2$；抗拉强度设计值 $f_t^b = 170\text{N/mm}^2$；被螺栓连接的构件材料为 Q235 钢，因此螺栓连接的承压强度设计值 $f_c^b = 305\text{N/mm}^2$。

1. 横向框架与纵向框架连接节点设计

横向框架与纵向框架均在边缘处焊接尺寸完全相同的连接板，连接板长度为 300mm、宽度为 50mm、厚度为 5mm，在连接板上预留螺栓孔，通过螺栓将两者进行连接。横向框架与纵向框架连接节点形式及尺寸如附图 4.1 所示。

横向框架与纵向框架连接节点的螺栓使用的是直径为 10mm 的 C 级螺栓，故螺栓孔直径为 11mm，螺栓的排列满足构造要求。通过计算得到 10mm 直径的 C 级螺栓的受剪承载力设计值 $N_v^b = \frac{\pi}{4} d^2 n_v f_v^b = \frac{\pi}{4} \times 10 \times 1 \times 140 = 10.9\text{kN}$，承压承载力设计值 $N_c^b = d \sum t f_c^b = 10 \times 5 \times 305 = 15.25\text{kN}$。

横向框架与纵向框架连接节点在风荷载作用下承受的剪力 $F = 0.42\text{kN}$，连接板上共六个螺栓，每个螺栓承受的剪力和压力大小相同，为 $N_v = 0.07\text{kN}$。

$$N_v \leqslant N_v^b \qquad\qquad (\text{附 4.4})$$

$$N_c \leqslant N_c^b \qquad\qquad (\text{附 4.5})$$

由上式可知，横向框架与纵向框架连节点的螺栓满足受剪承载力和承压承载力的要求。

2. 纵向框架与横梁连接节点设计

纵向框架底部的两侧及中间预先焊接连接板，然后纵向框架与横梁通过连接

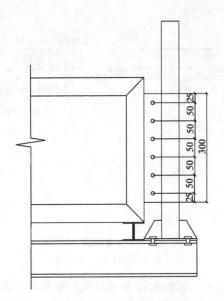

附图 4.1　横向框架与纵向框架连接形式

板上预留的螺栓孔与横梁上预留的螺栓孔进行螺栓连接，其节点形式及尺寸如附图 4.2 所示。

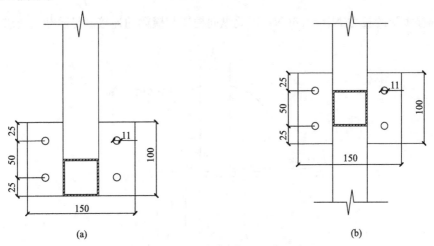

(a)　　　　　　　　　　　　　　　　　(b)

附图 4.2　纵向框架与横梁连接形式

(a) 纵向框架底部两侧；(b) 纵向框架底部中间

　　纵向框架与横梁连接节点的螺栓使用的是直径为 10mm 的 C 级螺栓，连接板上螺栓孔直径为 11mm，螺栓的排列满足构造要求。直径为 10mm 的 C 级螺栓的受拉承载力设计值 $N_{\mathrm{t}}^{\mathrm{b}}=A_{\mathrm{e}}f_{\mathrm{t}}^{\mathrm{b}}=0.77\mathrm{cm}^2\times170\mathrm{N/mm}^2=13.09\mathrm{kN}$。

　　T 形钢结构临时作业棚中间的一榀框架在风荷载作用下的剪力图及弯矩图如附图 4.3 所示。

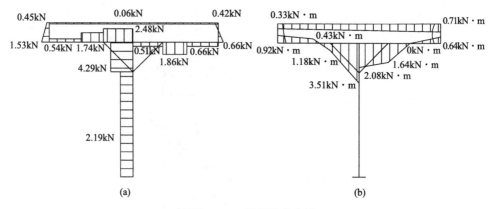

附图 4.3　一榀框架内力图

(a) 剪力图；(b) 弯矩图

　　附图 4.4 为纵向框架与横梁连接节点在风荷载作用下的受力情况，由图可知连接节点承受的剪力 $F=1.53\text{kN}$，连接节点处一共四个螺栓，每个螺栓承受的剪力和压力大小相同，剪力 $N_v=0.383\text{kN}$，压力 $N_c=0.383\text{kN}$；连接节点处承受的弯矩 $M=0.92\text{kN}\cdot\text{m}$，弯矩对连接节点造成的拉力 $F_t=\dfrac{M}{l}=18.4\text{kN}$，则每个螺栓承受的拉力 $N_t=4.6\text{kN}$；因此纵向框架与横梁的连接满足承载力要求。

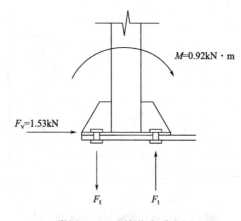

附图 4.4　连接节点受力图

3. 梁柱连接节点设计

　　T 形钢结构临时作业棚中梁柱连接节点的连接方式为预先在立柱顶部焊接连接板，连接板上预留螺栓孔，横梁下翼缘预留螺栓孔，然后使用螺栓连接横梁与柱顶连接板，梁柱连接节点的形式及连接板尺寸如附图 4.5 所示。

　　梁柱连接节点的连接螺栓选用直径为 12mm 的 C 级螺栓，螺栓孔直径为

13mm，螺栓的排列满足构造要求。12mm 的 C 级螺栓的受剪承载力设计值$N_v^b=\frac{\pi}{4}d^2n_vf_v^b=\frac{\pi}{4}\times12\times1\times140=15.83$kN，承压承载力设计值 $N_c^b=d\sum tf_c^b=12\times8\times305=29.28$kN，受拉承载力设计值 $N_t^b=A_ef_t^b=0.84\times170=14.28$kN。

梁柱连接节点在风荷载作用下受力简图如附图 4.6 所示，连接节点承受的剪力 $F=4.29$kN，连接处共四个螺栓，每个螺栓承受的剪力和压力大小相同，剪力 $N_v=1.07$kN，压力 $N_c=1.07$kN；节点连接处承受的弯矩 $M=1.43$kN·m，因此节点连接处需承受的拉力 $F_t=\frac{M}{l}=18.3$kN，故单个螺栓承受的拉力 $F=4.58$kN。因此梁柱连接节点满足承载力要求。

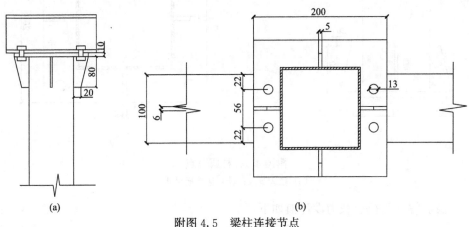

附图 4.5 梁柱连接节点

（a）梁柱节点形式；（b）连接板尺寸

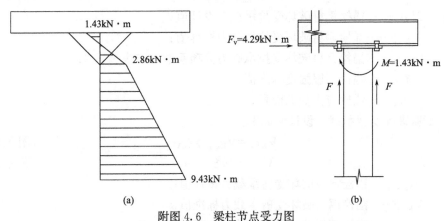

附图 4.6 梁柱节点受力图

（a）水平荷载下立柱弯矩图；（b）梁柱节点受力简图

4. 柱脚节点设计

T形钢结构临时作业棚柱脚节点是预先在柱底焊接连接板，然后使用膨胀螺栓将立柱及柱底连接板固定于混凝土基础上，柱脚节点形式及尺寸如附图4.7所示。柱脚节点的膨胀螺栓选用直径为14mm的4.8级普通螺栓，4.8级普通螺栓的屈服强度标准值 $f_{yk}=320\mathrm{N/mm^2}$，膨胀螺栓的螺栓孔直径一般大于螺栓直径4mm，即为18mm，公称距离为80mm。

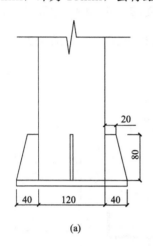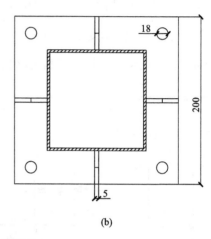

附图4.7 柱脚节点
(a) 柱脚节点；(b) 连接板尺寸

膨胀螺栓受拉承载力设计值如下：

$$N_{Rd,s}=N_{Rk,s}/\gamma_{Rs,N} \tag{附4.6}$$

$$N_{Rk,s}=f_{yk}A_s \tag{附4.7}$$

式中　$N_{Rd,s}$——锚栓钢材破坏受拉承载力设计值；
　　　$N_{Rk,s}$——锚栓钢材破坏受拉承载力标准值；
　　　$\gamma_{Rs,N}$——锚栓钢材破坏受拉承载力分项系数，查表为1.3；
　　　f_{yk}——锚栓屈服强度标准值；
　　　A_s——锚栓应力截面面积。

膨胀螺栓受剪承载力设计值如下：

$$V_{Rd,s}=V_{Rk,s}/\gamma_{Rs,V} \tag{附4.8}$$

$$V_{Rk,s}=0.5f_{yk}A_s \tag{附4.9}$$

式中　$V_{Rd,s}$——锚栓钢材破坏受剪承载力设计值；
　　　$V_{Rk,s}$——锚栓钢材破坏受剪承载力标准值；
　　　$\gamma_{Rs,V}$——锚栓钢材破坏受剪承载力分项系数，查表为1.3；
　　　f_{yk}——锚栓屈服强度标准值；
　　　A_s——锚栓应力截面面积。

通过计算，单个螺栓的受拉承载力设计值为 $N_{Rd,s} = 37.87$kN，受剪承载力设计值为 $V_{Rd,s} = 18.94$kN。

柱脚节点受力情况如附图 4.8 所示，柱脚节点的螺栓在风荷载作用下承受的剪力 $F_v = 2.19$kN，柱脚底部共四个螺栓，每个螺栓承受的剪力和压力大小相同，即为 $N_v = 0.55$kN；柱脚处承受的弯矩 $M = 9.43$kN·m，故对柱脚底部造成的拉力 $F_t = \dfrac{M}{l} = 117.875$kN，单个螺栓承受的拉力为 $N_t = 29.45$kN。因此柱脚节点满足承载力要求。

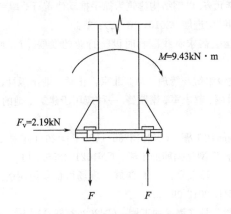

附图 4.8　柱脚节点受力图

参考文献

[1] 任排英，梁文.浅谈建筑与环境协调发展的几个问题 [J].煤矿设计，2001，2（3）：35-36.

[2] 中华人民共和国建设部.绿色施工导则.建设部网站，www.gov.cn，2007-9-10.

[3] 王军翔.绿色施工与可持续发展研究 [D].济南：山东大学，2012.

[4] 沈祖炎，罗金辉，李元齐.以钢结构建筑为抓手推动建筑行业绿色化、工业化、信息化协调发展 [J].建筑钢结构进展，2016，18（2）：1-6.

[5] 伍孝波，从北京奥运会需求看我国临时设施行业的发展 [J].城乡建设，2008，8（2）：61-62.

[6] 伍孝波.临时设施建设组织与管理 [M].北京：化学工业出版社，2012.

[7] 王俊如，李洪涛，洪丽，赵志军，秦晓锋.一种应用于建筑工地的作业棚：CN201762998U [P]，2011-03-16.

[8] 陈守国.可拆卸式钢筋加工棚：CN201826541U [P]，2011-05-11.

[9] 楼永良，卢国豪，等.定型化钢筋加工棚：CN102174856A [P]，2011-09-07.

[10] 呙启国，郭晟，杨光，郑宝泉，等.建筑施工现场可重复使用的工具式栓接钢筋加工棚：CN202431011U [P]，2012-09-12.

[11] 周海军.型钢式单榀工具式钢筋加工棚：CN202627582U [P]，2012-12-26.

[12] 林峰.定型组合伞式钢筋加工棚：CN202672734U [P]，2013-01-16.

[13] 刘培，任立伟，等.一种组装式钢筋加工棚：CN202787988U [P]，2013-03-13.

[14] 蒋莹，杨建斌，王国强，等.钢筋加工棚：CN202788074U [P]，2013-03-13.

[15] 王伟，刘海宏，等.多功能定型防护棚：CN203008439U [P]，2013-06-19.

[16] 宋永全，赵廷琛，郭雪珍，吕海英，等.装配式作业安全双层防护棚：CN203334731U [P]，2013-12-11.

[17] 荆志敏，李军，陈锋，王伟，等.一种具有方便材料存放与加工的可移动式加工棚：CN203669390U [P]，2014-06-25.

[18] 聂海柱，彭云勇，周睿，等.钢筋加工棚：CN203795904U [P]，2014-08-27.

[19] 买亚锋，等.一种装配式钢筋加工棚：CN204326607U [P]，2015-05-13.

[20] 郭基伟，陈霞，张爱全，等.T 型钢筋加工棚：CN205558302U [P]，2016-09-07.

[21] 何志远.一种全螺栓连接的钢筋加工棚：CN205558302U [P]，2016-12-28.

[22] 吴成，等.施工现场可周转砂浆搅拌棚：CN205955213U [P]，2017-02-15.

[23] 张帅，孙晓阳.新型绿色无焊接装配式钢架系统研究与应用 [J].施工技术，2015，44（2）：610-612.

[24] 刘学春，徐阿新，张爱林.模块化装配式斜支撑节点钢框架结构整体稳定性能研究 [J].北京工业大学学报，2015，41（5）：718-727.

[25] 刘学春，浦双辉，徐阿新，倪真，张爱林，杨志炜.模块化装配式多高层钢结构全螺栓连接节点静力及抗震性能试验研究 [J].建筑结构学报，2015，36（12）：43-51.

［26］ 张爱林，张艳霞.工业化装配式高层钢结构新体系关键问题研究和展望［J］.北京建筑大学学报，2016，32（3）：21-28.

［27］ 庄鹏，王燕，张茗玮.装配式方钢管柱与H型钢梁连接节点力学性能研究［J］.青岛理工大学学报，2016，37（5）：7-12.

［28］ 张孝栋.钢结构"互"型装配式刚性节点的试验及有限元研究［D］.青岛：青岛理工大学，2016.

［29］ Popov E P，Takhirov S M. Bolted large seismic steel beam to column connections Part 1：experimental study［J］. Engineering structures，2002，24（12）：1523-1534.

［30］ Uang C M，Hong J K，Sato A，et al. Cyclic Testing and Modeling of Cold-Formed Steel—Special Bolted Moment Frame Connections［C］. Structures Congress，2008，136（8）：953-960.

［31］ Lee J，Goldsworthy H M，Gad E F. Blind bolted moment connection to sides of hollow section columns［J］. Journal of Constructional Steel Research，2011，67（12）：1900-1911.

［32］ Prinz G S，Coy B，Richards P W. Experimental and numerical investigation of ductile top-flange beam splices for improved buckling-restrained braced frame Behavior［J］. Journal of Structural Engineering，2014，140（9）：1-9.

［33］ 秋山宏.铁骨柱脚の耐震设计［M］.东京：技报堂出版社，1985.

［34］ Thambiratnam D P，Paramasivam P. Base plates under axial loads and moments［J］. Journal of Structural Engineering，1986，112（5）：1166-1181.

［35］ Targowski R，Lamblin D，Guerlement G. Baseplate column connection under bending：experiment and numerical study［J］. Journal of Constructional Steel Research，1993，27（1）：37-54.

［36］ Sherbourne A N，Bahaari M R. 3D simulation of end-plate bolted connections［J］. Journal of Structural Engineering，1994，120（11）：3122-3136.

［37］ 宗宫由典，福知保长，陈文庆.变动轴力を受ける露出型铁骨柱脚の弹塑性举动及び耐力评价に关する实验的研究［J］.日本建築学会構造系論文集，2002，67（562）：137-143.

［38］ Kanvinde A M，Jordan S J，Cooke R J. Exposed column base plate connections in moment frames—Simulations and behavioral insights［J］. Journal of Constructional Steel Research，2013，84：82-93.

［39］ Borzouie J，MacRae G，Chase G J，et al. Experimental studies on cyclic behaviour of steel base plate connections considering anchor bolts post tensioning［C］. NZSEE Conference，2014：19-33.

［40］ 沈擎.中、美、欧钢结构柱脚连接构造及计算分析对比［D］.郑州：河南工业大学，2014.

［41］ 张弦.锚栓抗剪性能试验研究［D］.重庆：重庆大学，2015.

［42］ 周帆.锚栓式刚接柱脚双向受弯性能研究［D］.武汉：武汉科技大学，2015.

［43］ 杨彬.外露式柱脚锚栓预拉力的取值研究［D］.青岛：青岛理工大学，2015.

[44] 许亚红.钢结构中柱脚的力学性能研究 [D].合肥：安徽建筑大学，2016.

[45] 崔瑶，李浩，刘浩，王术铭.外露式钢柱脚受剪性能试验研究 [J].建筑结构学报，2017，38 (7)：51-58.

[46] 邵卓民，蔡益燕.《门式刚架轻型房屋钢结构技术规程》的风荷载规定 [J].建筑结构，1999，28 (8)：30-33.

[47] 林功丁.门式刚架风荷载与地震作用的探讨 [J].工业建筑，2004，34 (9)：84-86.

[48] 姜兰潮，汪一骏.门式刚架设计中关于风荷载体型系数的研究 [J].钢结构，2004，19 (5)：12-14.

[49] 彭兴黔，贾勇.开洞位置对低层轻钢结构风荷载的影响 [J].华侨大学学报，2008，29 (4)：580-583.

[50] 李文生，周新刚，邵永波.某大跨度门式刚架轻钢厂房整体倒塌的调查分析 [J].烟台大学学报：自然科学与工程版，2008，21 (2)：143-148.

[51] 黄敏.单层门式刚架轻钢厂房结构竖向风振响应研究 [D].沈阳：沈阳建筑大学，2012.

[52] 景晓昆，李元齐.轻型钢结构抗风研究现状 [J].四川建筑科学研究，2012，38 (3)：30-34.

[53] 李翩.门式刚架轻钢结构风荷载及抗风雪安全性研究 [D].杭州：浙江大学，2013.

[54] 周晶.风荷载作用下门式刚架相互作用研究 [D].北京：北京交通大学，2015.

[55] 沈域.大跨轻钢厂房风荷载及抗风性能研究 [D].杭州：浙江大学，2017.

[56] Simiu E, Sadek F, Whalen T M, et al. Achieving safer and more economical buildings through database-assisted, reliability-based design for wind [J]. Journal of Wind Engineering and Industrial Aerodynamics, 2003, 91: 1587-1611.

[57] Chen X, Zhou N. Equivalent static wind loads on low-rise buildings based on full-scale pressure measurements [J]. Engineering Structures, 2007, 29 (10): 2563-2575.

[58] Kopp G A, Galsworthy J K, Oh J H. Horizontal wind loads on open-frame, low-rise buildings [J]. Journal of Structural Engineering, 2009, 136 (1): 98-105.

[59] Elsharawy M, Stathopoulos T, Galal K. Wind-Induced torsional loads on low buildings [J]. Journal of Wind Engineering and Industrial Aerodynamics, 2012, 104: 40-48.

[60] Kumar K S, Stathopoulos T. Wind loads on low building roofs: a stochastic perspective [J]. Journal of Structural Engineering, 2000, 126 (8): 944-956.

[61] Rigato A, Chang P, Simiu E. Database-assisted design, standardization, and wind direction effects [J]. Journal of Structural Engineering, 2001, 127 (8): 855-860.

[62] Jang S, Lu L W, Sadek F, et al. Database-assisted wind load capacity estimates for low-rise steel frames [J]. Journal of Structural Engineering, 2002, 128 (12): 1594-1603.

[63] Duthinh D, Fritz W P. Safety evaluation of low-rise steel structures under wind loads by nonlinear database-assisted technique [J]. Journal of Structural Engineering, 2007, 133 (4): 587-594.

[64] Coffman B F, Main J A, Duthinh D, et al. Wind effects on low-rise metal buildings: Database-assisted design versus ASCE 7-05 standard estimates [J]. Journal of Structural En-

gineering，2009，136（6）：744-748.

[65] 费立连，钱叶照，王玛瑙.钢棚雪荷载倒塌事故分析［J］.矿业快报，2005，21（11）：49-50.

[66] 杨海波，李冬，王晓刚，等.暴风雪对轻钢结构工程破坏的原因分析及启示［J］.煤炭工程，2006，53（9）：41-42.

[67] 曹迎春.雪灾对轻钢结构房屋损坏之思考［J］.北方交通，2008，15（6）：165-166.

[68] 蒋坤，张延年，王元清，等.屋面积雪分布系数分析［C］.中国钢协结构稳定与疲劳分会：钢结构工程研究⑧-中国钢协结构稳定与疲劳分会第12届学术交流会暨教学研讨会论文集.宁波：《钢结构》编辑部，2010.

[69] 张望喜，易伟建，肖岩，等.某钢结构单层工业厂房雪灾倒塌模拟及鲁棒性分析［J］.工业建筑，2014，44（1）：154-159.

[70] 倪桂和.基于荷载规范的轻钢结构雪致破坏原因研究［D］.广州：广州大学，2016.

[71] 肖艳.几类典型屋面结构雪荷载的模拟研究［D］.广州：华南理工大学，2017.

[72] 郑先元.轻钢结构在雪荷载影响下的灾害原因调查与分析［J］.工程质量，2018，36（7）：45-48.

[73] Peraza D B. Snow-Related Roof Collapses—Several Case Studies［J］. Forensic Engineering，2000，10（1）：580-589.

[74] Meløysund V, Lisø K R, Siem J, et al. Increased snow loads and wind actions on existing buildings：reliability of the Norwegian building stock［J］. Journal of Structural Engineering，2006，132（11）：1813-1820.

[75] Caglayan O, Yuksel E. Experimental and finite element investigations on the collapse of a Mero space truss roof structure - A case study［J］. Engineering Failure Analysis，2008，15（5）：458-470.

[76] Albermani F, Kitipornchai S, Chan R W K. Failure analysis of transmission towers［J］. Engineering Failure Analysis，2009，16（6）：1922-1928.

[77] Díaz J J, Nieto P J G, Vilán J A V, et al. Non-linear buckling analysis of a self-weighted metallic roof by FEM［J］. Mathematical and Computer Modelling，2010，51（3）：216-228.

[78] Geis J, Strobel K, Liel A. Snow-induced building failures［J］. Journal of Performance of Constructed Facilities，2011，26（4）：377-388.

[79] Piskoty G, Wullschleger L, Loser R, et al. Failure analysis of a collapsed flat gymnasium roof［J］. Engineering Failure Analysis，2013，35：104-113.

[80] 熊明祥.钢框架组合结构的冲击响应和防护措施研究［D］.武汉：华中科技大学，2005.

[81] 冀建平.45 号钢热粘塑性本构参数的确定及应用［J］.北京理工大学学报，2008，28（6）：471-474.

[82] 陈凡.冲击荷载作用下热轧 T 型方钢管节点力学性能研究［D］.长沙：湖南大学，2012.

[83] 张磊.螺栓连接节点梁柱子结构抗冲击性能研究［D］.长沙：湖南大学，2013.

[84] 欧阳翔龙.轴力作用下冷弯 T 形方钢管节点受冲击荷载力学性能研究［D］.长沙：湖南

大学，2015.

[85] 孔德阳.受冲击钢框架结构梁-柱连接性能的实验与数值分析［D］.济南：山东建筑大学，2016.

[86] 蒋亚丽.低速冲击荷载下低碳钢的损伤本构模型研究［D］.烟台：烟台大学，2017.

[87] 崔安稳.主管受压状态下 K 形管节点落锤动态抗冲击性能研究［D］.烟台：烟台大学，2018.

[88] Zeinoddini M, Harding J E, Parke G A R. Axially pre-loaded steel tubes subjected to lateral impacts (a numerical simulation)［J］. International Journal of Impact Engineering, 2008, 35 (11): 1267-1279.

[89] Bambach M R, Jama H, Zhao X L, *et al*. Hollow and concrete filled steel hollow sections under transverse impact loads［J］. Engineering structures, 2008, 30 (10): 2859-2870.

[90] Jones N, Birch R S. Low-velocity impact of pressurised pipelines［J］. International Journal of Impact Engineering, 2010, 37 (2): 207-219.

[91] Khedmati M R, Nazari M. A numerical investigation into strength and deformation characteristics of preloaded tubular members under lateral impact loads［J］. Marine Structures, 2012, 25 (1): 33-57.

[92] Kazancı Z, Bathe K J. Crushing and crashing of tubes with implicit time integration［J］. International Journal of Impact Engineering, 2012, 42: 80-88.

[93] 刘云川，窦金龙，汪旭光.冲击压缩载荷作用下杨木的力学性能研究［J］.振动与冲击，2009, 28 (4): 93-96.

[94] 陈新华.木质家具材料的抗冲击特性研究［D］.南京：南京林业大学，2010.

[95] 李树森，马文龙，曾剑锋，等.基于 ABAQUS 的木材顺纹动态压缩仿真实验［J］.中南林业科技大学学报，2013, 33 (4): 102-105.

[96] 张秋实，李树森，谷志新，等.基于 ABAQUS 的木材侵彻性能的仿真研究［J］.中南林业科技大学学报，2014, 34 (1): 125-128.

[97] 王正，顾玲玲，高子震，等.动态测试木材的泊松比［J］.林业科学，2015, 51 (5): 102-107.

[98] 李敏，程秀兰，甘雪菲，等.不同木材对漆膜抗冲击性能的影响［J］.林业机械与木工设备，2016, 44 (12): 36-38.

[99] Mano J F. The viscoelastic properties of cork［J］. Journal of Materials Science, 2002, 37 (2): 257-263.

[100] Vural M, Ravichandran G. Dynamic response and energy dissipation characteristics of balsa wood: experiment and analysis［J］. International Journal of Solids and Structures, 2003, 40 (9): 2147-2170.

[101] Tagarielli V L, Deshpande V S, Fleck N A. The high strain rate response of PVC foams and end-grain balsa wood［J］. Composites Part B: Engineering, 2008, 39 (1): 83-91.

[102] 中华人民共和国行业标准.混凝土结构设计规范 GB 50010—2010［S］.北京：中国建筑工业出版社，2010.

[103] 中华人民共和国行业标准. 建筑结构荷载规范 GB 50009—2012 [S]. 北京：中国建筑工业出版社，2012.

[104] 中华人民共和国行业标准. 施工现场临时建筑物技术规范 JGJ/T 188—2009 [S]. 北京：中国建筑工业出版社，2009.

[105] 中华人民共和国国家标准. 门式刚架轻型房屋钢结构技术规范 GB 51022—2015 [S]. 北京：中国建筑工业出版社，2016.

[106] 张晓霞，周柏卓. 正交各向异性材料弹性本构关系分析 [J]. 航空发动机，1997，4 (1)：20-25.

[107] Hibbit K A S. ABAQUS/Standard version 6. 6 [M]. Theory, example problem and user's manuals, ABAQUS Inc. , Rhode Island, USA, 2006.

[108] Lapczyk I, Hurtado J A. Progressive damage modeling in fiber-reinforced materials [J]. Composites Part A：Applied Science and Manufacturing, 2007, 38 (11)：2333-2341.

[109] Linde P, Pleitner J, de Boer H, et al. Modelling and simulation of fibre metal laminates [C]. ABAQUS Users' conference. 2004：421-439.

[110] Cofer, W F, Yang, w, The Development and Verification of Finite Element Models to Optimize the design of Wale/Chock Structural Sections [R]. Prepared for Office of Naval Research under Contract N00014-97-C-0395, 1999.

[111] Sandhaas C. Mechanical behaviour of timber joints with slotted-in steel plates [D]. Duitsland：Karlsruhe university, 2012.

[112] 陈志勇. 应县木塔典型节点及结构受力性能研究 [D]. 哈尔滨：哈尔滨工业大学，2011.

[113] Sandhaas C, Van de Kuilen J W, Blass H J. Constitutive model for wood based on continuum damage mechanics [C]. WCTE, World conference on timber engineering, Auckland, New Zealand. 2011：15-19.

[114] 陈志勇，祝恩淳，潘景龙. 复杂应力状态下木材力学性能的数值模拟 [J]. 计算力学学报，2011，28 (4)：629-634.

[115] 李林峰. 梁柱式木结构框架抗火数值模拟研究 [D]. 南京：东南大学，2014.

[116] Hill R. A theory of the yielding and plastic flow of anisotropic metals [J]. Procceding of the Royal Society of London, 1948, 193 (1033)：281-297.

[117] 王震鸣. 复合材料力学和复合材料结构力学 [M]. 北京：机械工业出版社，1991.

[118] Hoffman O. The brittle strength of orthotropic materials [J]. Journal of Composite Materials, 1967, 1 (2)：200-206.

[119] Logan R W, Hosford W F. Upper-bound anisotropic yield locus calculations assuming-pencil glide [J]. International Journal of Mechanical Sciences, 1980, 22 (7)：419-430.

[120] Hashin Z. Failure criteria for unidirectional fiber composites [J]. Journal of applied mechanics, 1980, 47 (2)：329-334.

[121] Yamada S E, Sun C T. Analysis of laminate strength and its distribution [J]. Journal of Composite Materials, 1978, 12 (3)：275-284.

[122] Maimí P, Camanho P P, Mayugo J A, et al. A thermodynamically consistent damage model for advanced composites [R]. Technical Report, NASA/TM-2006-

214282，2006.

[123] 朱正西.钢框架梁柱组合节点动态抗冲击性能研究 [D].长沙：湖南大学，2014.

[124] Symonds P S. Survey of method of analysis for plastic deformation of structures under dynamic loading [R]. Brown University. Division of Engineering Report，1967.

[125] Jones N. Structural Impact [M]. Cambridge University Press，1997.